Biologie macchiato

**Unser Online-Tipp
für noch mehr Wissen ...**

... aktuelles Fachwissen rund
um die Uhr – zum Probelesen,
Downloaden oder auch auf Papier.

www.InformIT.de

Norbert W. Hopf
Illustriert von Boris Krauß

Biologie macchiato

Cartoon-Biologiekurs für
Schüler und Studenten

ein Imprint von Pearson Education

München · Boston · San Francisco · Harlow, England
Don Mills, Ontario · Sydney · Mexico City · Madrid · Amsterdam

Bibliografische Information Der Deutschen Bibliothek

Die Deutsche Nationalbibliothek verzeichnet diese Publikation in der Deutschen Nationalbibliografie;
detaillierte bibliografische Daten sind im Internet über http://dnb.d-nb.de abrufbar.

Die Informationen in diesem Buch werden ohne Rücksicht auf einen eventuellen Patentschutz veröffentlicht.
Warennamen werden ohne Gewährleistung der freien Verwendbarkeit benutzt. Bei der Zusammenstellung von
Texten und Abbildungen wurde mit größter Sorgfalt vorgegangen. Trotzdem können Fehler nicht ausgeschlossen
werden. Verlag, Herausgeber und Autoren können für fehlerhafte Angaben und deren Folgen weder eine juri-
stische Verantwortung noch irgendeine Haftung übernehmen.
Für Verbesserungsvorschläge und Hinweise auf Fehler sind Verlag und Herausgeber dankbar.

Alle Rechte vorbehalten, auch die der fotomechanischen Wiedergabe und der Speicherung in elektronischen
Medien. Die gewerbliche Nutzung der in diesem Produkt gezeigten Modelle und Arbeiten ist nicht zulässig.

Fast alle Produktbezeichnungen und weitere Stichworte und sonstige Angaben, die in diesem Buch verwendet
werden, sind als eingetragene Marken geschützt. Da es nicht möglich ist, in allen Fällen zeitnah zu ermitteln, ob
ein Markenschutz besteht, wird das ®-Symbol in diesem Buch nicht verwendet.

Umwelthinweis:
Dieses Produkt wurde auf chlorfrei gebleichtem Papier gedruckt.

10 9 8 7 6 5 4 3 2 1
11 10 09

ISBN 978-3-8273-7315-1

© 2009 Pearson Studium
ein Imprint der Pearson Education Deutschland GmbH
Martin-Kollar-Str. 10-12, D-81829 München
Alle Rechte vorbehalten
www.pearson-studium.de

Lektorat: Irmgard Wagner, irmwagner@t-online.de
Fachlektorat: Professor Dr. Armin Lude, Pädagogische Hoschschule Ludwigsburg, Biologie und ihre Didaktik
Korrektorat: Petra Kienle, Fürstenfeldbruck
Herstellung: Philipp Burkart, pburkart@pearson.de
Satz: m2 design, Sterzing, www.m2-design.org
Druck und Verarbeitung: Bercker Graphischer Betrieb, Kevelaer

Printed in Germany

Inhalt

Vorwort   **7**
Bevor wir richtig anfangen ...

1. **Prinzipien des Lebens**   **11**
Leben oder Nichtleben?

2. **Zellbiologie**   **19**
Die Zelle im Flug

3. **Genetik**   **39**
Erbe auf Wanderschaft

4. **Stoffwechsel**   **73**
Alles im Fluss

5. **Regulation und Hormone**   **93**
Kontrolle ist besser

6. **Entwicklungsbiologie**   **111**
Teile dich und werde

7. **Immunbiologie**   **127**
Angriff und Verteidigung

8. Neurobiologie   **143**

Reine Nervensache

9. Verhaltensbiologie   **157**

Gang, summ, blubb

10. Ökologie   **167**

Ich, wir, alle

11. Evolution   **191**

Wer sich ändert bleibt

Literaturverzeichnis   **208**

Stichwortverzeichnis   **209**

Vorwort

BEVOR WIR RICHTIG ANFANGEN ...

Vorwort

Warum Sie sich auf dieses Biologiebuch freuen dürfen

Nicht jeder kann oder mag den Espresso in seiner konzentrierten, abgebrühten Art genießen. Als *Latte macchiato* kann das Kaffeekonzentrat mit luftig leichtem Milchschaum auch bei empfindlicheren Mägen sein anregendes Aroma entfalten. Vorbei sind die Zeiten, in denen die *Latte macchiato* als Kultgetränk nur den lebenslustigen Mitteleuropäern vorbehalten war. In diesem Sinne erschließt *Biologie macchiato* endlich in der bewährten Macchiato-Reihe das Wissenskonzentrat der Biologie mit einem kräftigen Schuss Unterhaltung und erweckt die Lust auf die Welt des Lebens.

Folgende Erfolgsrezepte werden dabei wieder aufgegriffen:

Ziel ist es, dem Leser das Grundwissen der Biologie auf eine leicht verständliche und zugleich humorvolle Art näherzubringen.

Die behandelten Kapitel sind Grundlagen des Gymnasialstoffs und bilden für Studierende eine wichtige Basis für den Einstieg in entsprechende Studienfächer.

Wesentliche Inhalte werden mit Cartoons verdeutlicht. Lustige Cartoonfiguren begleiten den Leser durch das Buch. Witzige Pointen lockern nicht nur den Stoff auf, sondern setzen Merkbojen im Meer der ungeprägten Neuronen.

Dieses Buch versteht sich als biologischer Aperitif und soll Lust wecken, den Stoff zu festigen oder sogar noch weiter in die Materie einzudringen.

Wer das Buch geschrieben hat

Der Autor, Norbert W. Hopf, lehrt seit 1991 als Hochschulprofessor im Grünen Campus Weihenstephan in Freising. Seine Fachgebiete sind die Mikrobiologie, die Umweltbiotechnologie und der internationale Naturschutz. Es macht ihm Freude, neue Ansätze zu entwickeln, mit denen nüchternes Fachwissen zugleich interessant, humorvoll und bleibend vermittelt werden kann.

Vorwort

Mit wem Sie es hier zu tun haben

So wie die Gene alles über das Leben „wissen", ist es die Rolle des gelehrten Genius, uns schlau durch die vorliegenden Kapitel der Biologie zu begleiten. Immer dabei ist sein Freund Plasmatikus. Plasmatikus ist gelehrig und sucht gern den spielerischen Freiraum.

Dieses Internetsymbol verweist an dieser Stelle auf die Homepage des Verlags www.pearson-studium.de. Einfach mal zur *Biologie macchiato* surfen und anklicken. Hier gibt es interessante Ergänzungen. Beispielsweise findet man hier die Titelbilder der einzelnen Kapitel zum Herunterladen bzw. zum Ausdrucken und Auf- oder Einkleben in die Biomappe.

Für wen oder wofür dieses Buch gedacht ist

Biologie macchiato ist für jeden ein Muss, der den Erwerb von Biologiewissen mit Spaß und Unterhaltung verbinden möchte.

Biologie macchiato ergänzt den Biologieunterricht. Es sorgt endlich für den einen oder anderen Aha-Effekt – auch für die Abi-Vorbereitung. Es eignet sich für den Prüfungskandidaten und auch das „Begleitpersonal" kann profitieren.

Die Lektüre erleichtert Studierenden den Einstieg in entsprechende Lehrveranstaltungen an Hochschulen.

Selbst die, die sich in der Biologie als „alte Hasen" wähnen, werden ihr Fachgebiet von einer erfrischend anderen und neuen Seite kennenlernen.

Allerdings: *Biologie macchiato* ersetzt kein curriculares Biologielehrbuch und kann und will auch nicht mit den Stichwortabhandlungen mehrbändiger Abiturhilfen in Wettbewerb treten.

Vorwort

Danke!

Zunächst ein großes Dankeschön an Boris Krauß, der die Bildideen des Autors in hervorragender Weise in die vorliegenden Illustrationen umgesetzt hat. Seine kreative und humorvolle Art führte dabei zu vielen Bereicherungen und Feinschliffen. Boris Krauß ist selbstständiger Illustrator sowie ausgebildeter Grafik-Designer (BORIS KRAUSS Creativeoffice www.boris-krauss.de)

Danke an den Verlag Pearson Studium, der die Rahmenbedingungen geschaffen hat, mit denen die Biologie endlich im „Phänotyp" eines echt humorvollen Lehrbuchs vorliegen kann – insbesondere Frau Irmgard Wagner (Lektorat) und Frau Petra Kienle (Korrektorat).

Ein herzliches Dankeschön meiner Frau Dorothee für ihre immer motivierende Neugier auf das werdende Druckwerk und für viele, tolle Bildideen. Folgende Testleser prüften dankenswerterweise Teile des Manuskripts: Neffe Johannes (der Schüler), Frau Hedi Schuhn (die Gymnasiallehrerin) und Herr Dr. Holger Michael (der Biowissenschaftler).

Viel Spaß bei der Eroberung der biologischen Welt.

High life!
wünschen Genius, Plasmatikus und

Norbert W. Hopf

Kapitel I
LEBEN ODER NICHTLEBEN DAS IST HIER DIE FRAGE

Leben oder Nichtleben – das ist hier die Frage
Die Prinzipien des Lebens

Biologie ist die Wissenschaft vom Leben. Sie ergründet die Gemeinsamkeiten und Unterschiede der Lebewesen. Eine wichtige Entdeckung machte Mitte des 17. Jahrhunderts der Engländer Robert Hooke. Nachdem er sich ein einfaches Mikroskop konstruiert hatte, beobachtete er, dass pflanzlicher Kork aus lauter einzelnen Zellen zusammengesetzt ist – ähnlich wie die Bausteine einer Bienenwabe. Die Zelle gilt heute als die kleinste lebensfähige Einheit.

Die Prinzipien des Lebens | I

Lebewesen: Welches sind ihre charakteristischen Eigenschaften? Was grenzt Leben von unbelebter Materie ab?

Struktur und Funktion: Leben ist in unterschiedlichen Ebenen organisiert. In den kleinsten Dimensionen klären wir die Form von Molekülen und ihre Zusammenlagerung auf. Mithilfe eines Elektronenmikroskops sehen wir, wie sich Biomoleküle innerhalb einer Zelle zu Strukturen ordnen. Diese Strukturen werden als Organellen bezeichnet. In einer höheren Organisationsebene können wir mit einem Lichtmikroskop beobachten, wie sich Zellen mit gleichen Eigenschaften zu Geweben zusammenfügen. Organe wiederum werden durch den Zusammenschluss verschiedener Gewebetypen charakterisiert. Gleichartige Organismen wirken in Populationen. Schließlich liegen uns Ökosysteme vor, wenn verschiedenartige Lebewesen in Lebensgemeinschaften zusammenwirken: Egal, welche Ebene des Lebens wir betrachten, immer offenbaren sich uns faszinierende Zusammenhänge zwischen Struktur und Funktion als passende Einheiten.

Bau- und Inhaltsstoffe der Zelle: Das Leben hat die Welt der chemischen Moleküle revolutioniert. In biochemischen Stoffwechselwegen schafft sich das Leben neue Moleküle, die in der unbelebten, organischen Chemie nicht existieren: Lipide, Kohlenhydrate, Proteine, Nukleinsäuren und Vitamine. Das Leben benötigt diese Biomoleküle, damit sie die spezifischen Aufgaben in der molekularen Welt des Lebens übernehmen. Biomoleküle machen Leben erst möglich und umgekehrt.

Kompartimentierung: Leben benötigt Abgrenzung. Damit gebildete Strukturen geschützt werden und spezialisierte Stoffwechselvorgänge zum Tragen kommen, müssen sie räumlich getrennt werden. Dies gilt für das Innere von Zellen, für die Organismen mit ihren verschiedenen Organen und auch für Ökosysteme.

Die Prinzipien des Lebens | I

Stoffwechsel zur Energie- und Stoffumwandlung: Lebende Strukturen lassen sich nur schaffen und einsetzen, wenn Energie zur Verfügung steht. Verschiedene Stoffwechselmechanismen und Umsetzungen sind verwirklicht, um die Energie des Sonnenlichts, die chemische Energie aus anorganischen Substanzen oder die in Biomolekülen zwischengelagerte Bindungsenergie zu nutzen.

Bewegung: Bewegung bei Tieren lässt sich leicht beobachten. Bewegung als Veränderung zum Ort findet auch statt, wenn Zellen wachsen oder sich teilen.

15

I | Leben oder Nichtleben – das ist hier die Frage

Information und Kommunikation: Zellen und Organismen nehmen Signalstoffe oder Reize von außen auf. Solche Informationen ändern den Stoffwechsel und können bei höheren Organismen auch gespeichert werden.

Altern und Tod: Keine Zelle ist unsterblich. Höhere Organismen vergehen im programmierten Zelltod, um ihren Fortpflanzungsprodukten Platz zu machen. Einzellige Organismen können dem Tod entrinnen, wenn sie sich in die Zweiteilung retten.

Die Prinzipien des Lebens | I

Regulation: Zellen und Organismen müssen den Stoffwechsel und ihre Reaktionen gemäß äußeren Zuständen steuern und regulieren. Damit wird auf Veränderungen situationsgerecht reagiert und Funktionen bleiben erhalten.

Geschichte und Verwandtschaft: Alle Organismen sind in einem etwa vier Milliarden Jahre währenden Entwicklungsprozess aus einem gemeinsamen Ursprung entstanden. Dieser Prozess wird als Evolution bezeichnet.

I Leben oder Nichtleben – das ist hier die Frage

Reproduktion und Evolution: Zellen teilen sich und Organismen durchlaufen ungeschlechtliche oder geschlechtliche Fortpflanzungszyklen. Genetisch identische und genetisch neu entstehende Formen sind im ständigen Wettbewerb um ihre Lebensressourcen. Die Formen, die dabei am besten überleben, haben auch die besten Aussichten, ihre Gene durch Teilung oder Fortpflanzung weiterzugeben. Dieser beständig selektierte Genfluss charakterisiert die Evolution. Sie ist die Quelle für die vergangene und die heutige Vielfalt und Formenfülle an Organismen.

Kapitel II

DIE ZELLE IM FLUG

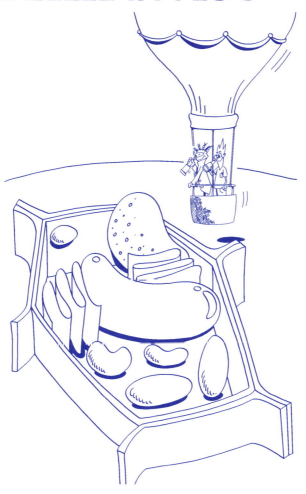

Die Zelle im Flug
Zellstrukturen

Die Mikroskopie

Zellen sind eigentlich immer sehr klein – kleiner als der zehnte Teil eines Millimeters (1 mm = 1000 Mikrometer). Millimeter kennen wir vom Zollstock: Ein Zwei-Meter-Zollstock zeigt 200 Zentimeter und jeder dieser Zentimeter umfasst 10 Striche. Dies ist des Zollstocks kleinster Abstand – es ist ein Millimeter! Der ist mit dem bloßen Auge noch zu erkennen. Falls nicht, wäre es Zeit, einen Optiker zu konsultieren.

Was näher als 250 Mikrometer zusammen liegt, kann unser Auge nicht mehr in seinen Einzelheiten erkennen. Wir benötigen ein optisches Hilfsmittel, beispielsweise eine Lupe oder ein Mikroskop, das uns eine höhere **Auflösung** ermöglicht. Die Auflösung eines Mikroskops ist umso besser, je kleiner der Abstand zwischen zwei Punkten sein darf, damit diese noch getrennt erkannt werden können. Ein **Lichtmikroskop** vergrößert für unser Auge die Sichtbarkeit von kleinen Objekten um den Faktor tausend. Klar, gute Mikroskope sind teuer, aber mit ihnen können wir nicht nur Zellen in ihrer Gestalt erkennen, sondern wir sehen auch die größeren Strukturen in den Zellen.

Zellstrukturen | II

Hier sind drei beispielhafte Objekte für die Lichtmikroskopie: Ein Kopfhaar ist 70 Mikrometer dick. Eine Zelle unserer Mundschleimhaut ist über 60 Mikrometer groß. Ein Darmbakterium ist 3 Mikrometer lang. Wenn Objekte kleiner als 0,25 Mikrometer sind, erreicht das Lichtmikroskop seine Auflösungsgrenze. Das Wissen über die physikalischen Bedingungen in der Mikroskopie half, diese Grenze zu überschreiten. An dieser Stelle nur ein Hinweis: Elektronenstrahlen haben eine viel kleinere Wellenlänge als Lichtstrahlen, was eine noch höhere Auflösung ermöglicht. Die höchste Auflösung eines **Elektronenmikroskops** liegt bei 0,2 Nanometer. 1 Mikrometer umfasst 1000 Nanometer (nm). Bei insgesamt 100000-facher Vergrößerung können nun auch die feinsten Strukturen innerhalb von Zellen sichtbar gemacht werden. Zwei Strukturbeispiele, die wir noch näher kennenlernen werden: Unsere Eiweiße synthetisierenden Ribosomen sind kleiner als 30 nm im Durchmesser. Die Membranen, die unsere Zellen umhüllen, sind etwa 7 nm dick.

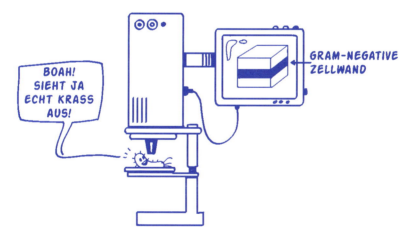

Mithilfe der Mikroskopie können wir die inneren Strukturen der Zellen entdecken. Schauen wir mal!

Die Zellwand

Ein Fahrradreifen besteht aus einem Mantel und einem Schlauch. Der Schlauch soll verhindern, dass Luft entweicht. Damit die empfindliche Oberfläche des Schlauchs nicht Schaden nimmt und der Schlauch in Form bleibt, wird er von einem Mantel schützend umhüllt.

II | Die Zelle im Flug

Viele Zelltypen sind von einer äußeren Zellwand eingepackt, die wie ein Mantel schützt und stabilisiert. Die Funktion der stofflichen Trennung übernimmt eine darunterliegende zweite Hülle, die Cytoplasmamembran.

Ohne Zellwand würde der Innendruck eine typische Pflanzenzelle oder ein Bakterium zum Platzen bringen. Die Zellwand ist eine kompakte Schicht. Je nach Organismus finden wir unterschiedliche Baustoffe zur Schichtbildung: So verwenden Pflanzenzellen Zellulose und Pektine. Diese Kohlenhydrate sind Abkömmlinge von chemisch veränderten Glukosemolekülen, die miteinander zu Ketten und Netzen verknüpft sind. Verholzende Zellen produzieren zusätzlich hartes Lignin, die charakteristische Bausubstanz der Bäume und Sträucher. Die einzelligen Bakterien synthetisieren einen eigentümlichen Baustein, der aus einem Gemisch aus Zucker- und Aminosäuremolekülen besteht. Diese Bausteine sind in alle Richtungen miteinander verknüpft und umgeben wie ein enges Gerüst eine Bakterienzelle. Hefezellen hüllen sich in Netzwerke aus Kohlenhydraten. Die meist rundlichen Tierzellen besitzen keine Zellwand. Sie sind in eine extrazelluläre Matrix aus Glykoproteinen (Proteine mit Seitenketten aus Zuckern) eingebettet.

22

Aufbau von Zellmembranen

Jede Zelle, egal ob als einzelliges Bakterium oder als Pflanzen-, Tier- oder Menschenzelle, muss ihr Inneres von ihrer Umgebung abgrenzen. Die gleich vorgestellten, inneren Strukturen sind in eine zähe, puddingartige Masse eingebettet, die als Cytosol oder Cytoplasma bezeichnet wird. Fremde Substanzen dürfen nicht beliebig ins Zellinnere gelangen und die im Zellinneren gebildeten Substanzen dürfen nicht verloren gehen. Andererseits gibt es Momente, in denen in Zellen Substanzen gebildet und dann gezielt ausgeschüttet werden. Und: Einmal aus der Zelle heraus, sollen sie dann auch draußen bleiben! Drüsenzellen sind besonders gut im Sekretieren.

Schließlich existiert noch eine Aufgabe für die Membran – die Energiegewinnung: Wir wissen, dass in Wasserkraftwerken elektrische Energie gewonnen wird, wenn Wasser aus einem Speichersee herunterströmt. Auch eine Zelle kann Energie gewinnen, wenn Konzentrationsunterschiede, in diesem Fall sind es Wasserstoffionen, ausgeglichen werden.

All diese Aufgaben übernehmen Biomembranen. Membranen, die den Zellinhalt umgeben, werden als Cytoplasmamembran oder Zellmembran bezeichnet.

II | Die Zelle im Flug

Welche chemische Struktur ermöglicht wohl eine wirksame Trennung von innen und außen? Die Zellwandbausteine sind es nicht! Diese vermitteln der Zelle zwar Stabilität, können aber nicht den Durchfluss kleiner Moleküle, wie z.B. der Glukose, verhindern. (Auch ein Fahrradmantel vermag es nicht, die Luft zu halten.) Eine Membran muss jedoch so dicht sein, dass selbst Atome – z.B. Kalium- oder Wasserstoffionen – nicht so ohne Weiteres hindurchtreten können.

Kompakte Bauweise – das ist zum einen der Trick, wie Membranen Ionen und wasserlösliche Moleküle am Durchtritt hindern. Raffiniert ist zudem die Natur des verwendeten Bausteins: Da die meisten Moleküle des Lebens in Wasser löslich sind (**hydrophil**) und sich nicht mit Fett vermischen, wäre eine Barriere effektiv, die aus einer Fettschicht (**hydrophob**) besteht. Tatsächlich: Die in der Membran vorkommenden Phospholipide fallen durch ihre Tandemkonstruktion auf: Ein Teil besteht aus einem wasserlöslichen Glycerinmolekül; der andere Teil besteht aus zwei Fettsäuren, die wasserabstoßend wirken. In der charakteristischen Struktur der Zellmembranen finden wir die Phospholipide spiegelsymmetrisch in der **Lipiddoppelschicht** organisiert. Die Fettsäuren liegen innen, die Glycerinmoleküle außen.

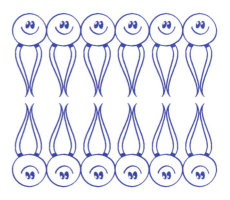

An die Glycerine sind zusätzlich noch Phosphatgruppen gekoppelt, die Zellmembranen negative Ladungen geben. Nach dem **Flüssig-Mosaik-Modell** ist diese Membranstruktur nicht starr, sondern zähflüssig. Je mehr Cholesterinmoleküle zwischen den Fettsäuren liegen, umso dickflüssiger wird die Membran. Auf der Membran können Proteine schwimmen, die als **periphere Proteine** bezeichnet werden. Einige haben nach außen ragende Antennen aus verketteten Zuckermolekülen (Glykoproteine). Proteine, die von einem zum anderen Ende der Membran reichen, werden als **integrale Proteine** bezeichnet.

Zellstrukturen | II

Aufgrund ihrer chemischen Natur hindert die Membran alle wasserlöslichen Moleküle am Durchtritt. Gasmoleküle und insbesondere kleinere fettlösliche Moleküle – z.B. Aceton – treten ungehindert durch.

Weitere Membranen findet man innerhalb der Zelle, wo sie interne Strukturen abgrenzen. Bevor wir diese näher betrachten, folgt noch ein Einschub zum Thema Stofftransport.

Transport durch Diffusion und Osmose

Einzelsubstanzen sind bestrebt, sich gleichmäßig in Flüssigkeiten oder Gasen zu verteilen. Dieser Austauschprozess wird als **Diffusion** bezeichnet. Zur Diffusion kommt es immer dann, wenn ein Konzentrationsgefälle vorliegt. Beispielsweise ist Diffusion zu beobachten, wenn sich ein Zuckerwürfel in einem Teeglas auflöst.

II | Die Zelle im Flug

Was passiert, wenn im Zellinnern Moleküle synthetisiert werden, die sich mit mehr Wassermolekülen umgeben möchten, als in der Zelle vorhanden sind? Problem: Diese Moleküle können die Cytoplasmamembran nicht passieren, um zu den Wassermolekülen außerhalb der Zelle zu gelangen. Folge: Wenn das Molekül nicht zum Wasser diffundieren kann, werden die Wassermoleküle durch die Kraft des Konzentrationsgefälles zum Zucker gezogen. Die Cytoplasmamembran ist nur halbdurchlässig (semipermeabel), da sie nur die Wassermoleküle frei passieren lässt. Diese einseitig gerichtete Diffusion wird als **Osmose** bezeichnet.

Über Osmose kann die Zelle vermehrt Wasser im Innern sammeln. Dadurch steigt der Zellinnendruck (Turgor). Insbesondere Pflanzenzellen erhalten so ihre Festigkeit und Form. Das Zellwandgerüst verhindert aber, dass die Zelle platzt.

Zellstrukturen | II

Spezifischer Transport

Ein Fahrradschlauch besitzt ein Ventil, über das wir gezielt Luft aufpumpen können oder Luft ablassen. Was sind die „Ventile" der Biomembranen, über die ein Stoffaustausch gelenkt werden kann? Es sind die integralen Proteine, die quer in den Biomembranen stecken. In ihren Zentren befindet sich ein röhrenförmiger Hohlraum, durch den wasserlösliche bzw. größere Moleküle passieren können. Membranen besitzen zahlreiche und verschiedenartige Transportproteine. Diese wachen darüber, wann und welche Substanzen die Membranen passieren dürfen.

Für den Transport sind je nach Molekül und Organismenzelle verschiedene Mechanismen beschrieben:

Der **passive Kanaltransport** ermöglicht die Diffusion durch spezielle Kanalproteine. Wenn sie geöffnet sind, können beispielsweise bestimmte Ionen ihr Konzentrationsgefälle austauschen. Ein Beispiel sind die elektrischen Vorgänge in Nervenzellen. Auch Wassermoleküle gelangen durch ihre persönlichen

Aquaporine (Wasserkanäle) durch die Zellmembran. Dabei ist die Durchflussrate unvorstellbar groß: drei Milliarden Wassermoleküle pro Sekunde, was damit zusammenhängt, dass sich im engen Tunnel die Geschwindigkeit sturzbachartig erhöht, wo nämlich nur jeweils ein Wassermolekül passieren kann.

In einigen Fällen werden die Substanzen für die Passage durch Transportproteine auf spezifische Trägermoleküle gepackt. Wie bei einer Raumfahrerschleuse erfolgt dann die Passage „pingpongartig" durch die Membran.

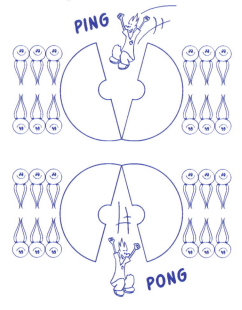

Die Kraft für die Passage kann aus der Diffusionskraft stammen. Dies wird als **passiver Carrier-Transport** bezeichnet. Ein Beispiel ist der Traubenzucker (Glukose), wenn dieser aus dem Serum in die roten Blutkörperchen fließt.

Mit dem **aktiven Carrier-Transport** können Zellen Substanzen durch spezialisierte Transportproteine gegen ein Konzentrationsgefälle bewegen. Das geht nur, indem sie Energie investieren. Beim primär aktiven Transport wird für den Transport von Molekülen wie Wasserstoffprotonen oder Kaliumionen Energie (ATP) eingesetzt.

Beim **sekundär aktiven Transport** lässt sich ein Austausch von Substanzen wahrnehmen: Beispielsweise treten Aminosäuren in die Zelle ein und im Austausch strömen gleichzeitig Ionen aus der Zelle aus. Das kostet natürlich auch wieder Energie, da die Zelle Energie aufwenden muss, wenn sie die Ionen wieder nach innen zurückholt.

Bei besonders großen Eiweißen geht man davon aus, dass diese vor dem Membrandurchtritt in eine schlanke, längliche Struktur ausgepackt werden müssen und nach dem Durchtritt wieder zurückgefaltet werden müssen.

Zellstrukturen | II

Die Zellorganellen

Nach soviel Transport kommen wir zurück zu den Strukturen innerhalb einer Zelle. So wie man in einem Körper Organe mit bestimmten Funktionen lokalisieren kann, definierten einige Biologen erkennbare Strukturen in Zellen als Organellen („Organchen"). Je nach Lehrbuch umfasst dies großzügig auch Strukturen wie die Ribosomen. Andere Biologen beziehen den Begriff Organellen nur auf Zellstrukturen, die von einer eigenen Membran umhüllt sind. Gleich von **zwei Membranen** umgeben sind der Zellkern, die Mitochondrien und die Chloroplasten.

Die Kernhülle oder **Kernmembran** trennt bei tierischen und pflanzlichen Zellen den **Zellkern** (Nukleus, Karyon) vom Rest des Zellinneren. Hier liegt von der übrigen Zelle durch eine doppelte Membran abgegrenzt das **Chromatingerüst**, welches die Erbinformationen enthält. Sie sind in das **Karyoplasma** eingebettet. Mikroskopisch lassen sich eine oder mehrere dunklere Regionen im Kern erkennen, die reich an RNA sind und als **Nucleoli** (Kernkörperchen) bezeichnet werden. Die Kernmembran ist über kreisförmige **Kernporen** durchgängig, durch die die Informationen aus dem Chromatingerüst zu den Syntheseorten in der Zelle gelangen. Wie in einer jeden hoch strukturierten Fabrik ist die Schaltzentrale räumlich vom Getöse der Werkhallen getrennt! Übrigens: Die Trennung von Schaltzentrale und Werkstatt gilt nur für die tierischen und pflanzlichen Zellen, die nach dieser gemeinsamen Eigenschaft zusammenfassend als **Eukaryonten** (eukaryon griechisch für echter Kern) oder Eukaryoten bezeichnet werden.

Die bakteriellen Einzeller sind einfach strukturiert und besitzen noch keine entsprechende Abtrennung zwischen Genen und Synthesesorten. Sie werden als **Prokaryonten** oder Prokaryoten („Früher Kern") bezeichnet.

Die meist länglich ovalen **Mitochondrien** gelten als Kraftwerke der Zelle: Bei der Zellatmung wird chemische Energie auf kleine Trägermoleküle übertragen. Diese energiereichen Moleküle (Adenosin-Triphosphate, kurz ATP) sind in einer Zelle stark gefragt, weil sie ihre Energie überall dort wieder abgeben können, wo Lebensvorgänge Energie benötigen.

29

Mitochondrien kommen bei Pflanzen und Tieren vor. Sie sind dort am zahlreichsten, wo Energie verbraucht wird, z.B. in Muskelzellen. Von den zwei Membranen der Mitochondrien ist die äußere glatt und leicht durchgängig, während die innere vielfach eingestülpt ist. Einstülpungen vergrößern die Oberfläche, so dass hier viele Enzyme der Zellatmung Platz haben.

Pflanzen können die Sonnenenergie nutzen.

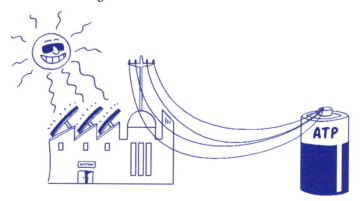

Verantwortlich hierfür sind photosynthetisch aktive Pigmente, die Chlorophylle und Carotinoide. Wir finden sie in den **Chloroplasten** (Blattgrünkörper), die nur in Pflanzen vorkommen. Damit möglichst viel Oberfläche vorhanden ist, um für möglichst viele Chlorophyllmoleküle Platz zu schaffen, hat sich die Natur eine interessante Strategie ausgedacht: Von der inneren Membran werden viele längliche Einstülpungen gebildet. Diese schnüren sich ganz von der inneren Membran ab und stapeln sich im Innern der Chloroplasten übereinander.

Lauter runde grüne, säckchenartige Sonnenkollektoren sind geldrollenartig übereinandergestapelt und miteinander verbunden. Die Erstentdecker waren der griechischen Sprache mächtig: Sie sprachen von Thylakoiden, um den „säckchenartigen" Membranstrukturen einen fachlich anmutenden Namen zu verpassen. Übereinandergestapelte Thylakoide nannten sie Granum („Korn"). Die Grundsubstanz, in die die Thylakoide eingebettet sind, bezeichneten sie als Stroma (das „Hingebreitete"). Mithilfe der Energie der Sonneneinstrahlung bilden Pflanzen aus Wasser und Kohlendioxid Glucose. Im Stroma werden die Glucosemoleküle synthetisiert, die weiter zu Stärke verknüpft werden können.

Bakterielle Prokaryonten besitzen keine Mitochondrien oder Chloroplasten. Bakterien, die Zellatmung oder sogar Photosynthese betreiben können, nutzen als Ort hierfür einfach ihre Cytoplasmamembran! Jede Menge Einstülpungen der Membran ins Zellinnere vergrößern die Oberfläche.

Zellorganellen mit einer Membran

... finden wir wiederum nur bei Eukaryonten. Wichtig für Bausteinsynthesen und den schnellen Transport durch den Zellpudding des Zytoplasmas ist das Endoplasmatische Retikulum (ER). Ein Retikulum ist ein „kleines Netzwerk"

II | Die Zelle im Flug

aus membranumhüllten Röhren und Zisternen, welches sich im Zytoplasma erstreckt und mit der Kernhülle verbunden ist.

Raues (granuläres) ER zeigt im Elektronenmikroskop eine gesprenkelte Oberfläche, da es mit vielen Ribosomen besetzt ist. Mit den **Ribosomen** synthetisiert die Zelle ihre Proteine. Drüsenzellen sind von ER-Strukturen reichhaltig durchzogen. Ribosomen sind von rundlicher Gestalt, die sich aus einer größeren und einer kleineren Untereinheit zusammensetzt. In Bakterien sind diese etwas kleiner als in Eukaryonten. Sie bestehen aus mehr als 55 verschiedenen Proteinen und drei unterschiedlich langen RNA-Molekülen. Bei den Bakterien liegen übrigens alle Ribosomen frei im Cytoplasma vor.

ER ohne Ribosomen wird als **glattes (agranuläres) ER** bezeichnet. Im glatten ER werden Lipide auf- und abgebaut und Kohlenhydrate modifiziert.
Im ER findet ein innerzellulärer Stofftransport statt. In den ER können also verschiedenartige Moleküle zwischen allen Organellen schnell und zielgerichtet transportiert werden. Die Struktur der Netzwerke sind sehr dynamisch: Ständig werden neue Membranen gebildet.

Die in tierischen und pflanzlichen Zellen gebildeten Proteine können zunächst im ER verbleiben. Meist werden sie in Abschnitten konzentriert, die dann als abgeschlossene **Vesikel** (Bläschen) durch die Zelle bewegt werden. Mit diesen Vesikeln besitzt die Zelle abgetrennte Räumlichkeiten (Kompartimente wie Transportcontainer), in denen Stoffe umgewandelt, gespeichert oder aus der Zelle ausgeschüttet werden.

Zellstrukturen | II

An einigen Stellen werden die Vesikel in Stapeln zwischengelagert. Komplexe aus nebeneinandergestapelten Vesikeln werden als **Golgi-Apparat** bezeichnet (benannt nach ihrem Erstbewunderer, Camillo Golgi, italienischer Anatom). Hier warten die meisten Vesikel darauf, dass sie mit ihren Substanzinhalten ausgeschleust werden. „Ausgeworfen" war wohl sogar der Eindruck früherer Mikroskopiker, demgemäß heute noch speziell für Pflanzenzellen einzelne Membranstapel des Golgi-Apparats als **Dictyosomen** („Werf-Körperchen") bezeichnet werden.

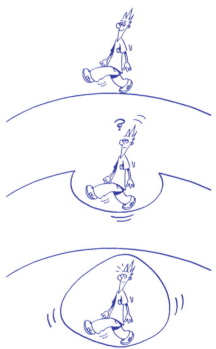

Zur Ausschleusung bewegen sich die Vesikel an die Zellmembran. Dort kommt es zu einer Verschmelzung, wobei der Bläscheninhalt nach außen freigesetzt wird. Dieser Vorgang wird als **Exocytose** bezeichnet. Der umgekehrte Vorgang, die Aufnahme größerer Volumina (im Vergleich zum Transport von Einzelmolekülen durch Transportproteine) von außen, ist die **Endocytose**. Werden hierbei feste Partikel umschlossen und als Einstülpung in das Zellinnere bewegt, spricht man von **Phagocytose** („Zellisches Fressen").

Pinocytose („Zellisches Trinken") bezeichnet die entsprechende Aufnahme von Flüssigkeiten.

Zum Golgi-Apparat gehören auch noch die **Lysosomen**: Lysosomen („Auflöse-Körper") stellen einfach umhüllte Recyclinganlagen innerhalb der Zelle dar. Sie enthalten Enzyme, mit denen Eiweiße, Fette und Zucker in ihre Einzelmoleküle zerlegt werden, um diese dem Neuaufbau zuzuführen.

Gern vereinigen sie sich hierfür mit endozytierten Vesikeln oder auch mit defekten Organellen, z.B. Mitochondrien. Hierbei ist es wichtig, dass das saure Milieu der Lysosomen durch eine einfache Membran von dem neutralen des Cytoplasmas getrennt ist.

Zu den **Microbodies** („kleine Körperchen") gehören die **Peroxisomen**. In ihnen können Wasserstoffperoxide abgebaut werden. Dieses Zellgift fällt an, wenn enzymatisch Wasserstoff abgespalten und auf Sauerstoff übertragen wird. So werden beispielsweise Fettsäuren abgebaut. Peroxisomen sind auch verantwortlich für viele Entgiftungsreaktionen in den Leberzellen.

Weitere Microbodies finden wir nur in Pflanzenzellen, in denen Fette in Zucker umgewandelt werden. Sie heißen **Glyoxysomen**.

Vakuolen sorgen für den Innendruck (Turgor) bei Zellen. Sie sind prall mit Wasser gefüllt, worin auch Salze und Substanzen zur Entgiftung gelöst sind. In Pflanzenzellen existieren riesige Zentralvakuolen, die 90 Prozent des Zellvolumens einnehmen. Dieses respektierend gaben Botaniker der Membran, die dieses voluminöse Organell umhüllt, den „kraftvollen" Namen **Tonoplast**.

Als sichtbare eigene Strukturen ohne eigene Membran sind in der Zelle die Ribosomen zu erkennen, die am rauen ER liegen oder sich – auch bei Eukaryonten – frei im Cytoplasma befinden.

Das Cytoplasma ist keine unstrukturierte Masse. Es spinnt sich ein netzartiges Cytoskelett aus dünnen Proteinfasern durch das Cytoplasma.

Dieses Geflecht ermöglicht auch Zellbewegungen, z.B. als Actin- und Myosinfilamente in Muskelzellen. Es reguliert Transportvorgänge in der Zelle und organisiert die Plasmaströmung. Auch an Signalübertragungen ist es beteiligt. Weiterhin stabilisiert und formt das Cytoskelett die Zellen. Spezielle Proteinfäden (Mikrofilamente) verankert das Cytoskelett an der Zellmembran. Bei der Zellteilung findet man im Vergleich zum Cytoskelett gerade Röhren, die mehr als doppelt so dick (25 nm) sind. Die Röhren heißen Mikrotubuli und sind aus kugeligen Eiweißen zusammengesetzt. Sie bilden die für den Teilungsvorgang wichtigen Centriolen und Kernspindeln.

Differenzierung und Organisationsformen von Zellen

Eukaryonten sind Zellformen (Eucyten) mit einem echten Zellkern (Karyon). Zu ihnen gehören mehrzellige Pflanzen- und Tierzellen und einzellige Hefezellen und Urtierchen wie das Pantoffeltierchen oder der Malariaerreger. Sie sind reichhaltiger strukturiert als die Zellen (Procyten) der Prokaryonten, die – wie schon erwähnt – keinen durch eine Membranstruktur abgegrenzten Zellkern aufweisen. Zu den Prokaryonten gehören die Bakterien mit den Blaualgen (Cyanobakterien) und die urtümlichen Zellen der Archeaen. Alle diese Einzeller besitzen keine von der Membran umhüllten Zellorganellen, wie sie von den Eukaryonten bekannt sind.

Die Bakterienzelle kann Geißeln zur Fortbewegung besitzen. Einige zeigen zahlreiche bartstoppelähnliche Proteinfäden, die als Fimbrien bezeichnet werden, mit denen sich Bakterien an Oberflächen verhaken können.

Wie bei Prokaryonten kommen bei Eukaryonten **Einzeller** vor: in tierischer Form z.B. die Amöbe oder in pflanzlicher Form die Alge oder eine Hefezelle. Die einzelne Zelle übernimmt alle Aufgaben des Lebens. Von Zellkolonien spricht man, wenn sich Zellen in Verbänden zusammenschließen. Dies lässt sich bei eukaryontischen Grünalgen beobachten, jedoch auch bei Prokaryonten wie Vertretern der gleitenden Bakterien.

Zellstrukturen | II

Zelldifferenzierung bei eukaryontischen Zellen

Zellen in höheren Organismen zeichnen sich durch ihre Fähigkeit zu einer weitgehenden Differenzierung aus (**Vielzeller**). Sie sind lichtmikroskopisch in ihren verschiedenen Formen unterscheidbar. Von der Ei- bzw. Spermazelle über die Zellen des Blutkreislaufs bis zu den Zellen der Haut und Schleimhäute oder von den Leberzellen bis zu den Nervenzellen: Der Mensch allein besitzt über 200 Zelltypen.

Ein Verband mit gleichartig spezialisierten Zellen wird als **Gewebe** bezeichnet. Zwei Beispiele: Drüsenzellen sind durch eine hohe Aktivität des Golgi-Apparats gekennzeichnet, Speichelzellen durch eine hohe Zahl an Aquaporinen.

Mehrere Gewebetypen sind in einem **Organ** zusammengefasst, um spezielle Funktionen zu erfüllen. Ein Beispiel: Die Haut mit Deck-, Binde-, Fett- und Nervengeweben grenzt das Innere der Wirbeltiere vom Äußeren ab.

KAPITEL III

ERBE AUF WANDERSCHAFT

Mit Allelen und Chromosomen auf Wanderschaft
Genetik

Genetik heißt Vererbungslehre. Dieses Teilgebiet der Biologie begründete sich durch die Erforschung der Frage: Gibt es Regeln, nach denen sichtbare Merkmale bei Lebewesen (und natürlich auch beim Menschen) über Generationen weitergegeben werden? Als Teilgebiet der Biologie ist die Genetik mittlerweile so umfangreich, dass es sinnvoll ist, sie zu unterteilen. So wird in der **Molekularen Genetik** untersucht, was während der Vererbung auf Molekülebene passiert. Die wichtigsten Moleküle der Genetik sind die Nukleinsäuren. Dieses sind die Substanzen, mit denen die Organismen ihre Erbmerkmale speichern. Molekulargenetiker untersuchen auch, wie Gene in den Zellen aktiviert werden. Das Wissen der Genetik wird in der Humangenetik, in der Züchtung von Pflanzen und Tieren und in der Gentechnik angewendet.

In der Natur existiert eine große Vielfalt an verschiedenen Individuen einer Art. Die **Populationsgenetik** erforscht, welche Erbmerkmale auf verschiedene Organismen verteilt sind. Sie analysiert, wie sich die Verteilungen mit der Zeit und über die Generationen hinweg verändern, und ergründet die Ursachen für diese Entwicklung. Die Populationsgenetik ist ein Gebiet, welches der Ökologie zugeordnet wird.

In der **Klassischen Genetik** werden die formalen Gesetzmäßigkeiten bei der Verteilung von Erbmerkmalen untersucht. Das betrachten wir im Folgenden gleich näher.

Die Mendelschen Regeln

Mendel beobachtete, wie sichtbare Merkmale wie Wuchsgröße der Erbse, Form der Schoten, Farbe der Blüten oder Farbe der Schoten von einer Generation auf die nächste vererbt werden. Heute bezeichnen wir Erbmerkmale als Gene. Mendel fiel auf, dass viele Erbmerkmale in verschiedenen Varianten auftreten können. Die Wuchsgröße beispielsweise beobachtete er in zwei verschiedenen Varianten: hoch bzw. niedrig. Erbsenformen vermerkte er in den Varianten glatt oder runzelig. In der Genetik wird eine Variante als **Allel** bezeichnet. Für das Beispiel des Merkmals Wuchshöhe heißt das eine Allel „Niedrigform", während „Hochform" durch ein anderes Allel bedingt ist.

Der **Phänotyp** beschreibt die physischen Eigenschaften eines Individuums. Der **Genotyp** eines Organismus versteht sich als die Summe seiner Merkmale (Gene) oder genauer: als die Summe seiner Allele. Phänotypen waren für Mendel sichtbar – auf die Genotypen schloss er aufgrund seiner Beobachtungen.

Aus seinen Experimenten leitete Mendel ab, dass die Veranlagung für ein Merkmal in jeder Erbsenpflanze doppelt vorliegen müsse, in den Geschlechtszellen (Pollen oder Eizelle) jedoch nur einfach. Ist ein Merkmal in beiden Allelen identisch, so ist die Erbse bezüglich dieses Merkmals **homozygot** (**reinerbig**). Sind beide Allele verschieden, so ist diese Erbse für das Merkmal **heterozygot** (**mischerbig**).

Bei reinerbigen Organismen lässt sich der Phänotyp direkt vom Genotyp ableiten. Die Allele niedrig/niedrig haben immer eine niedrige Erbse zur Folge. Die Allele hoch/hoch ergeben immer hoch. Spannend wird es, wenn ein Organismus heterozygot ist. Dann beherbergt er im Genotyp zwei unterschiedliche Allele nebeneinander: also niedrig/hoch oder hoch/niedrig. Welche Wuchshöhe – welcher Phänotyp – tritt dann ein?

In einem mischerbigen (heterozygoten) Genotyp wird ein Allel als **dominant** bezeichnet, wenn sich seine Eigenschaft im Phänotyp des Trägerorganismus wiederfindet. Das dominante Allel hat das Sagen, das andere muss offensichtlich schweigen. In der Schreibweise der Genetiker werden dominante Allele mit großen Buchstaben abgekürzt. Das im Phänotyp nicht erkennbare, unterdrückte Allel eines heterozygoten Merkmalträgers heißt **rezessiv**. Der Phänotyp eines rezessiven Allels wird nur im homozygoten Zustand erkennbar.

Wenn zwei unterschiedliche Allele vorliegen und beide Einfluss auf den Phänotyp haben, wird dieser als intermediär bezeichnet. Gärtner freuen sich, wenn aus rotblühenden und weißen Wunderblumen rosafarbene entstehen. Die Genetiker sprechen bei solchen Vererbungen auch von unvollständiger Dominanz.

Will sich ein Organismus fortpflanzen, dann gelangt in eine Geschlechtszelle immer nur ein Allel. Ein (für ein Erbmerkmal) homozygoter Organismus hat nur eine Sorte an Geschlechtszellen, ein heterozygoter zwei Sorten.

Bei den Nachkommen vereinigen sich immer zwei Geschlechtszellen. Nach der Vereinigung entscheidet sich, welcher Phänotyp aus den jeweils mitgebrachten Allelen entsteht. Die Nachkommen eines Vererbungsgangs, die in den Besitz verschiedener Allele gelangen, heißen Hybride. Bei einem monohybriden Erbgang wird die Aufteilung für ein Merkmal untersucht, bei einem dihybriden Erbgang erfolgt dies für zwei Merkmale. Die Elterngeneration bezeichnet der Genetiker als P-Generation (Parentalgeneration). Die Nachkommen der ersten Generation bilden die sogenannte F1-Generation (Filialgeneration, Tochtergeneration), die zweite Generation wird als F2 bezeichnet usw.

III | Mit Allelen und Chromosomen auf Wanderschaft

Hier sind die drei Gesetze, mit denen die Erbsen ihren Zuchtmeister berühmt machten:

1. Mendelsche Regel – Uniformitätsregel und Reziprozitätsregel

Kreuzt man (innerhalb einer Art) zwei Individuen, die für ein Merkmal unterschiedliche, aber homozygote Allele tragen, so sind (bezogen auf dieses Merkmal) alle F1-Individuen im Genotyp und Phänotyp gleich (uniform).

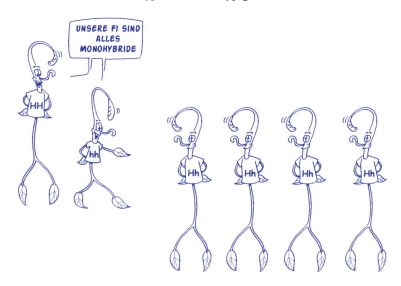

Genetik | III

Diese Uniformität bleibt auch erhalten, wenn bei den Eltern Geschlecht und Homozygotie wechselseitig (reziprok) vertauscht werden. Konkret: Mendel hatte Merkmale gewählt, bei denen er keine Rücksicht darauf zu nehmen brauchte, ob bei seinen Bestäubungsexperimenten ein bestimmtes Merkmal aus dem männlichen Pollen oder der weiblichen Eizelle stammte.

2. Mendelsche Regel – Spaltungsregel
Werden die Hybride der F1-Generation einer Kreuzung gemäß der 1. Mendelschen Regel untereinander gekreuzt, so werden im dominant-rezessiven Erbgang zwei Phänotypen im Verhältnis 3:1 erkennbar.

Im intermediären Erbgang gibt es drei Genotypen, die auch als drei Phänotypen im Verhältnis 1:2:1 sichtbar werden.

45

III | Mit Allelen und Chromosomen auf Wanderschaft

Der **Rückkreuzungstest** ist die Mutter der Mendelschen Regeln! Sein Ziel: Aufdeckung dominanter Phänotypen mit zweifelhaftem Genotyp (hier: reinerbig HH oder mischerbig Hh). Das Hilfsmittel: ein rezessiv homozygoter Kreuzungspartner, hier ein Partner mit den Allelen hh.

Das Resultat nach der Mischung lautet:

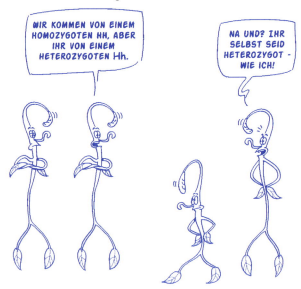

3. Mendelsche Regel – Unabhängigkeitsregel bzw. Regel von der Neukombination der Gene

Werden zwei Individuen mit unterschiedlicher Homozygotie in zwei verschiedenen Merkmalen gekreuzt, so sind die F1-Individuen gemäß der 1. Mendelschen Regel in Genotyp und Phänotyp uniform. Bei einer Weiterkreuzung entsprechend der 2. Mendelschen Regel werden in der F2-Generation auch Individuen erkennbar, in denen die Allele der beiden Merkmale in einer neuen Kombination vorliegen. Dies zeigt, dass die Vererbung in den einzelnen Merkmalen voneinander unabhängig ist.

Chromosomenmerkmale in Bewegung

Was in den Kernen höherer Zellen durch Einsatz spezieller Farbstoffe in der Mikroskopie als „Farbkörperchen" sichtbar gemacht werden kann, das sind die **Chromosomen**, die Träger der Erbinformationen. Beim Menschen gibt es in den Körperzellen immer 23 Chromosomenpaare. Da wir 23 Chromosomen von der Mutter und 23 entsprechende Chromosomen vom Vater „geerbt" haben, ist unser Erbgut auf 46 Chromosomen verteilt. Dem Schimpansen werden auch 46 Chromosomen zugeordnet. Beim Gorilla sind es 48 Chromosomen.

III | Mit Allelen und Chromosomen auf Wanderschaft

Genetik | III

Über das Geschlecht entscheidet meist ein einziges Chromosomenpaar. Bei uns Menschen ist das 23. Chromosomenpaar in zwei Kombinationen üblich: XX steht für weiblich. XY steht für männlich. Die über das Geschlecht entscheidenden Chromosomen X und Y werden als Gonosomen bezeichnet. Alle anderen Chromosomen nennen die Genetiker Autosomen.

Jedes Autosom hat eine charakteristische Gestalt. Im mikroskopischen Bild lassen sich die Paare als homologe Chromosomen leicht zuordnen – der Genetiker bezeichnet die geordnete Darstellung aller Chromosomen in einem Bild als Karyogramm. Die Tatsache, dass in den Körperzellen jedes Chromosom doppelt vertreten ist, wird als diploid (2n) bezeichnet. Samenzellen bzw. Eizellen haben nur einen einfachen Chromosomensatz, der als haploid (1n) bezeichnet wird.

Wie schnell erleben wir einen Kabelsalat am Schreibtisch – das lässt erahnen, wie wichtig eine strenge Organisationsdisziplin ist, damit 2 m Erbstrang in eine 5-Mikrometer-Zelle verpackt werden kann. Verantwortlich für eine solide Verpackung sind fünf rundliche Verpackungsproteine, die Histone. In sich wiederholenden Einheiten, den Nukleosomen, verschnüren die Histone den Nukleinsäure-Strang (Desoxyribonukleinsäure, DNA oder DNS).

Die DNA ist die eigentliche Trägerin der Erbinformationen. Die Chromosomen füllen den ganzen Nukleolus aus und ständig werden Gene abgelesen. In diesem diffusen Zustand (**Chromatin**) lassen sich die Chromosomen noch nicht in ihrer typischen X-Form sichtbar machen. Diesbezüglich ergibt sich eine brennende Frage:

Wie stellt die Zelle sicher, dass während der Zellteilung jede Tochterzelle den gleichen Chromosomensatz wie die Ursprungszelle erhält? Das klären wir im folgenden Abschnitt:

Mitose – die einfache Kernteilung

Bei der Teilung müssen die Erbinformationen äußerst kompakt vorliegen, weshalb hierbei Spiralen- und Schleifenbildungen stattfinden. Wie erwähnt sind die arbeitsfähigen Nukleinsäuren in ihrer entspiralisierten Form kaum sichtbar. Speziell für die Zellteilung spiralisieren sich die Nukleosomketten zu kompakten Fasern, die sich erst jetzt als Chromosomen mittels Farbstoffe sichtbar machen lassen. Die Erbinformation in Form des Chromatin ähnelt Akten, die in einem Büro ausgebreitet sind, damit ständig Informationen aus ihnen entnommen werden können. Dicht verpackt und nicht mehr abzulesen, so liegen die Erbinformationen in den Chromosomen vor. Dies erinnert an geschlossene Aktenordner, die in Kartons verpackt sind.

Genetik | III

Bei einer Teilung soll jede Teilungszelle den gleichen Satz an Chromosomen erhalten. Dies gewährleistet ein Zellzyklus, die sogenannte **Mitose**. Die Cytogenetiker unterteilen die dabei beobachtbaren Stadien in Prophase, Metaphase, Anaphase, Telophase und Interphase.

Prophase: Wenn wir 46 Chromosomen im Karyogramm sehen, dann können wir 46 typische X-Strukturen sehen.

Um die Erbinformationen in der anstehenden Zellteilung gleichmäßig auf zwei Teilungszellen verteilen zu können, müssen alle Erbinformationen zweimal – als Original und als identische Kopie – vorliegen. Diese Verdoppelung der Erbinformation hat tatsächlich schon stattgefunden, wenn im Mikroskop die X-förmigen Chromosomen sichtbar sind. Ein Chromosom besteht daher aus zwei spiegelgleichen Kopien. Ein > und ein < werden zu einem X. Die zwei identischen Hälften „>" und „<" werden als **Schwesterchromatiden** bezeichnet.

In der Prophase sind diese Schwesterchromatiden im mittleren Bereich über eine kleine Region, das **Centromer**, verbunden. Das ist die Mitte im „X".

51

Da bei der Teilung die Kernmembran und die Kernregion (**Nucleolus**) stören würden, lösen sie sich auf. Von zwei Polen der Zelle beginnen Eiweißfäden (Mikrotubuli) aufeinander zuzuwachsen. Sie bilden den **Spindel(faser)apparat**, der eine gleichmäßige Verteilung der Chromatiden dirigieren soll.

Metaphase: Die Chromosomen konzentrieren sich an einer zentralen Ebene (**äquatorialen Platte**) in der Mitte der Zelle. In diesem Zustand sind die Chromosomen lichtmikroskopisch gut sichtbar. Die Spindelfasern setzen an den Centromeren der Chromosomen an. Die sich hier bildende Struktur wird **Kinetochor** genannt. Sie ähnelt einem Abschleppseil an einem Abschlepphaken. Die Spindelfasern erstrecken sich zwischen den Polen. In den meisten Organismen liegen an den zwei Polen die **Centriolen**. Das sind kleine Organellen, die während der Mitose gebildet werden. Sie synthetisieren die proteinhaltigen Mikrotubuli, das Material für die Spindelfasern.

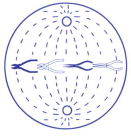

Anaphase: Die identischen Schwesterchromatiden werden an den Centromeren gelöst und entlang der Spindelfasern entgegengesetzt zu einem der Pole abgeschleppt. An jeden Pol gelangt somit ein vollständiger (diploider) Satz der Erbinformationen, wie es sich für Körperzellen gehört.

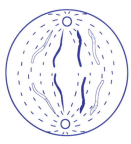

Telophase: Die eigentliche Kernteilung ist abgeschlossen. Die Spindelfasern lösen sich auf, die Chromatiden entspiralisieren sich, während sie von einer Kernmembran umgeben werden und sich der Nukleolus neu bildet. Damit die Zellteilung abgeschlossen werden kann, wird zwischen den zwei Kernen eine neue Zellmembran ausgebildet. Es wird eventuell auch Zellwandmaterial ergänzt.

Genetik III

Interphase: Die entstehenden Teilungszellen bilden ihre ursprüngliche Größe aus (G_1-Phase; G, engl. gap; bezeichnet die zeitliche „Lücke" zwischen zwei Teilungen). Sind die Zellen physiologisch aktiv und steht keine weitere Teilung an, wird dieser Zustand als G_0-Phase bezeichnet. Soll es wieder zur Teilung kommen, erfordert diese in der S-Phase (Synthese) zunächst wieder eine Verdoppelung. Sobald alle Chromatiden verdoppelt sind, ist die Interphase mit dieser sogenannten G_2-Phase beendet und der Teilungszyklus setzt sich in der (nächsten) Prophase fort.

Meiose – die Reduktionsteilung

Die Aufgabe der Mitose ist es, aus einer Vorläuferzelle zwei identische Teilungszellen zu erstellen. Bei der Meiose soll für eine anstehende Fortpflanzung der doppelte (diploide) Chromosomensatz der Körperzellen halbiert (**Reduktion**) werden und haploide Geschlechtszellen (Keimzellen, **Gameten**) sollen gebildet werden.

Später, bei der Befruchtung, verschmelzen zwei Geschlechtszellen verschiedener Eltern wieder zu einer diploiden **Zygote**. Diese Zygote besitzt dann wieder den doppelten Chromosomensatz, allerdings in neuer Kombination, je nachdem, welche Geschlechtszellen aus den Eltern vereinigt wurden. Ein Organismus sollte in allen Körperzellen immer identische Erbsubstanzen besitzen. Aber in den Geschlechtszellen können die mütterlichen und väterlichen Erbmerkmale in einer riesigen Variabilität in den Allelen zusammengestellt sein!

Der Vorgang, der diese Reichhaltigkeit an Variationen erzeugt, heißt **Meiose**. Sie ist sehr bedeutend und wird jetzt näher erklärt:
Die **Meiose** erfolgt in Form von zwei aufeinanderfolgenden Prozessen, der Reifeteilung I und II. Gut, dass wir schon die Mitose kennengelernt haben, denn die Schritte I und II bauen auf den Phasen der Zellteilung auf.

Folgendes spielt sich in der Reifeteilung I ab:

Prophase I: Die Chromatiden sind verdoppelt, die Chromosomen sind verdichtet, die Kernmembran befindet sich im Zerfall und ein Spindelapparat bildet sich. Anders als in der einfachen Mitose lagern sich jedoch die homologen

53

III | Mit Allelen und Chromosomen auf Wanderschaft

Chromosomen jeweils paarweise dicht aneinander. Während der normalen Mitose scheinen sich väterliche und mütterliche Chromosomen egal zu sein. Anders verhält es sich bei der meiotischen Teilung: Es bilden sich Strukturen aus Tetraden mit vier Chromatiden – gleichsam hängen jetzt vier Schwesterchromatiden an ihren Haken aneinander.

An dieser Stelle unterbrechen wir die Ausführung zur Meiose für einen wissenschaftshistorischen Exkurs:

Thomas Hunt und die Entdeckung des Crossing-Overs:
Thomas Hunt Morgan züchtete in Amerika die Fruchtfliege *Drosophila melanogaster*. Drei Faktoren führten zu seinem Erfolg:
1. Die Fliegen waren leicht zu halten.
2. Auf jede Paarung kommen Hunderte von Nachkommen.
3. Der Zeitraum, bis die Nachkommen ihrerseits wieder Nachkommen haben, beträgt nur zwei Wochen.

Seine Unabhängigkeitsregel konnte Mendel nur postulieren, da er sich Merkmale ausgesucht hatte, die bei seinen Erbsenzählereien zufällig auf verschiedenen Chromosomen lagen. Komplizierter wird es, wenn die Merkmale auf demselben Chromosom liegen und die Gene dann nicht nach der Mendel-Regel 3 vererbt werden, sondern als Kopplungsgruppe.

Die normale Fruchtfliege hat einen graugelben Körper, rote Augen und Flügel, die über den Körper ragen. Die jeweiligen Merkmale dieses Wildtyps werden mit einem „+" bezeichnet. Morgan hatte bei seinen Fruchtfliegen eine Vorliebe für rezessive Merkmale und er notierte genau, ob die beobachtete Fliege jeweils männlich oder weiblich war. Die entscheidenden Erkenntnisse ergaben sich durch das Studium der weiblichen Fliegen, denen er nicht nur auf die Flügel, sondern auch tief in die Augen schaute, um die Farbe festzustellen.

Morgan fand heraus, dass die Gene von Drosophila auf vier Chromosomen liegen und die Gene auf einem Chromosom jeweils eine Kopplungsgruppe ergeben. Neukombinationen von Allelen auf ein und demselben Chromosom sollten eigentlich ausgeschlossen sein, wenn Kopplungsgruppen unverändert immer nur auf ganzen Chromosomen „gemendelt" würden. Er beobachtete, dass die Allele, die gemeinsam in einer Gruppe liegen, bei der Verteilung auf die Eizellen aber auch neu variiert werden können. Dies geschieht früh bei der Meiose in den Tetraden, wenn nämlich identische Genregionen aus zwei Chromosomen dicht beieinander liegen. Es steht fest, dass an gegenüberliegenden Chromatiden – eines vom Vater, eines von der Mutter – gleichzeitig an der gleichen Stelle in den Chromatiden ein Strangbruch eintreten kann. Der Bruch wird sofort wieder geschlossen, allerdings kreuzweise. Der Überkreuzungspunkt wird als Chiasmata bezeichnet. Nach Morgan führt dieses Crossing-Over zu Neukombinationen.

Mit diesem Mechanismus erklärte er die von ihm entdeckte Neuordnung von Allelkombinationen bei seinen Fruchtfliegen.

Angetrieben von dieser Entdeckung unternahm Morgan Tausende von Versuchen mit Tausenden von Fruchtfliegen. Dabei zeigte sich, dass zwei Gene eines Chromosoms in ihren Allelen umso schneller ausgetauscht werden, je weiter sie auseinander liegen. Diese Austauschwerte benutzt er, um Genkarten für die einzelnen Chromosomen zu erstellen. Erst mit Einführung der molekularen Gensequenzierung Ende des 20. Jahrhunderts wurde diese Methode zur Erstellung von Genkarten bei höheren Organismen abgelöst.

Doch nun zurück zur Reifeteilung I der Meiose, deren Prophase I nun beendet ist.

Metaphase I: Die noch überkreuzenden Tetradenstrukturen werden in der Äquatorialebene angeordnet.

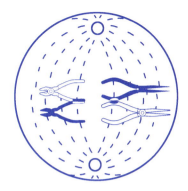

Anaphase I: Erst jetzt werden die Chiasmata getrennt und die Chromosomen mit ihren möglichen Änderungen in den Chromatiden liegen vor.

Wir erinnern uns an die normale Mitose: In der Teilungsmitose bekommt jeder Pol eines von zwei identischen Schwesterchromatiden: Aus X entsteht ein > und ein <. Von jedem Chromosom erhalten beide Teilungszellen ein Chromatid vom Vater und ein Chromatid von der Mutter. Dafür müssen sich die Schwesterchromatiden im Centromer trennen.

Zurück zur Meiose: Wenn sich die väterlichen und mütterlichen Chromosomen aus der jeweiligen Tetradenstruktur lösen, hängen immer noch die alten Schwesterchromatiden an ihren Centromeren zusammen. Und sie bleiben zusammen.

Bei der meiotischen Reifeteilung I trennen sich die homologen Chromosomenpaare und ein intaktes Chromosom (bestehend aus zwei Chromatiden) wandert zu einem der Pole.

Wie unterscheidet sich die Trennung bei der Meiose im Vergleich zur Teilungsmitose?

Es ergibt sich allein schon durch die beliebige Verteilung der jeweiligen Autosomen eine hohe Zahl an Kombinationsmöglichkeiten, da nicht vorherbestimmt ist, welches jeweilige Chromosom zum Pol 1 oder zum Pol 2 wandert (**interchromosomale Rekombination**).

Noch höher wird die Zahl der Variationen durch Crossing-Over-Ereignisse (**intrachromosomale Rekombination**).

Da der diploide Status bezüglich der Erbmerkmale halbiert wird, spricht man bei der Reifeteilung I auch von der Reduktionsteilung.

Telophase I: An den Polen entspiralisieren sich die Sets an Chromosomen, während sich Kernmembranen und Nukleoli ausbilden. Die Reifeteilung I ist abgeschlossen. Es schließt sich die Reifeteilung II an.

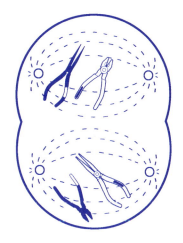

In deren weiteren Verlauf werden die Schwesterchromatiden getrennt, so wie es vorgangsmäßig bei einer normalen Mitose in den Stufen Prophase bis Telophase erfolgt. Am Ende der Meiose liegen vier haploide Geschlechtszellen in Form von vier Spermien oder einer Eizelle (nur eine von vier weiblichen Geschlechtszellen setzt sich durch!) vor.

Die humane Seite: Genetik beim Menschen

Der Mensch hat 23 Chromosomenpaare. Was entscheidet darüber, ob sich aus der befruchteten Eizelle ein männlicher oder ein weiblicher Mensch entwickelt? Eine genauere Betrachtung der Chromosomen unter dem Mikroskop zeigt, dass 22 Chromosomenpaare (Autosomen) homolog sind, also im Aussehen im Karyogramm immer wie Zwillinge erscheinen. Das 23. Chromosomenpaar mit seinen Geschlechtschromosomen (Gonosomen) unterscheidet sich jedoch. Davon existieren zwei Varianten: eine größere Form, das X-Chromosom, und eine kleinere Ausgabe, das sogenannte Y-Chromosom. Den Männern reicht eine Kombination aus einem X- und einem Y-Chromosom. Bei Frauen liegen beide Geschlechtschromosomen in der X-Variante vor. Wenn bei der Fortpflanzung zwei X-Gonosomen von der Frau stammen und ein weiteres vom Mann – ergibt sich zahlenmäßig gegenüber dem einzigen Y-Chromosom des Mannes ein Verhältnis von 3 zu 1. Droht durch diese Überzahl der X-Chromosomen die Gefahr, dass das männliche Geschlecht über die Generationen hinweg herausgemendelt wird? Wie werden die Geschlechtschromosomen bei der Fortpflanzung verteilt? Das sogenannte Punnett-Quadrat (benannt nach seinem Erfinder), in dem die Gametensorten miteinander kombinierte werden, schafft Klärung:

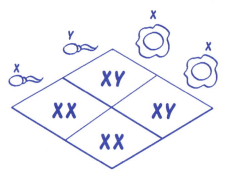

Es ergibt ein „normales" Verhältnis von 2 : 2 für männliche (XY) und weibliche (XX) Nachkommen: Glück gehabt!
Genetiker haben inzwischen bewiesen, dass die Anwesenheit eines Y-Chromosoms (und die darauf liegenden Erbmerkmale) die Männlichkeit bewirkt. Weiblichkeit ergibt sich, wenn das Y-Chromosom fehlt! Dann liegt nur das X-Chromosom vor, und zwar doppelt, womit auch bestimmte Erbmerkmale der Frau doppelt vorhanden sein können.

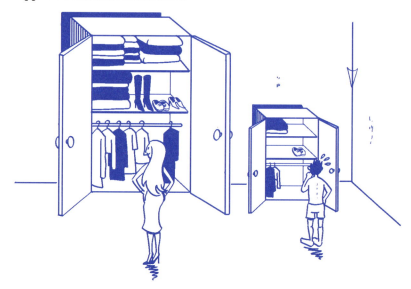

Diese Regelung ist nicht universell für das Tierreich. In der Vogelwelt ist es genau umgekehrt: Die Männchen besitzen zwei X-Chromosomen und die Weibchen ein X- und ein Y-Chromosom.

Die Humangenetik kennt viele Merkmale, deren Vererbung etwas mit dem Geschlechtschromosom zu tun hat. Bei Frauen können sich gonosomale Allele (XX) ergänzen, beim Mann (XY) nicht. Markante Allele werden daher bei männlichen Trägern viel schneller sichtbar als bei weiblichen. Beispiele sind die Rot-Grün-Sehschwäche und die Bluterkrankheit.

Genetik der Bakterien

Eukaryonten sind gegenüber Prokaryonten profiliert: Sie verfügen über einen echten Zellkern, umgeben von einer eigenen Kernmembran. Das Erbgut ist in Form von properen Chromosomen – bei uns Menschen – in doppelter Zahl angeordnet: Ein Satz Chromosomen stammt vom Vater, ein Satz von der Mutter.

Klein und einfach strukturiert sind dagegen die Bakterien. Ihr Erbgut enthält viel weniger Material, das nicht so komplex verpackt werden muss. Es reicht eine lange, mehrfach verdrillte Ringstruktur. Es gibt auch keine Abgrenzung vom Rest des Zellinhalts mittels eigener Kernmembran.

III | Mit Allelen und Chromosomen auf Wanderschaft

Das Darmbakterium *Escherichia coli* besitzt 4.640.000 Desoxyribonukleinsäure-Basen (d.h. 4,64 Megabasen = Mb) in der DNA seines Ringchromosoms, auf dem ungefähr 4400 Gene liegen. Im Vergleich dazu sind ca. 25.000 Gene des menschlichen Genoms auf eine Genomgröße von 3300 Mb verteilt.

Demnach stünden durchschnittlich 1100 Nukleinsäurebasen für ein Bakteriengen 132000 Basen für ein Menschengen gegenüber. Genetiker haben aber herausgefunden, dass der Unterschied nicht so groß ist und ein durchschnittliches Menschengen ca. 6600 Basen umfasst.

Tatsache ist: Bakterien haben keine Eltern, da immer zwei Zellen aus einer simplen Teilung einer Vorgängerzelle entstehen. Noch nicht einmal eine Mitose mit ihren einzelnen Phasen ist dabei zu beobachten: Der Nukleinsäurestrang verdoppelt sich und je ein Exemplar des DNA-Strangs gelangt in die geteilten Zellen. Das Ganze spielt sich nüchtern ab: Es bleibt unklar, welche Zelle bei der Verdoppelung eigentlich Mutter und Tochter ist.

Genetik | III

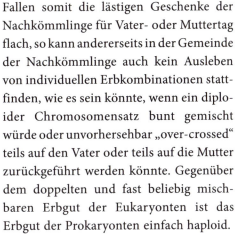

Fallen somit die lästigen Geschenke der Nachkömmlinge für Vater- oder Muttertag flach, so kann andererseits in der Gemeinde der Nachkömmlinge auch kein Ausleben von individuellen Erbkombinationen stattfinden, wie es sein könnte, wenn ein diploider Chromosomensatz bunt gemischt würde oder unvorhersehbar „over-crossed" teils auf den Vater oder teils auf die Mutter zurückgeführt werden könnte. Gegenüber dem doppelten und fast beliebig mischbaren Erbgut der Eukaryonten ist das Erbgut der Prokaryonten einfach haploid.

Teilen sich ein Bakterium einmal und die Nachkommen ein weiteres Mal und deren Nachkommen auch wieder, dann zählen wir nach 20 Teilungsschritten über eine Million Nachkommen. Alle besitzen das gleiche Erbmaterial und Erscheinungsbild. Die Welt der Bakterien ist die Welt der identischen Klone.

Wir wissen nicht, ob die Bakterien unter diesem gleichgemachten Dasein leiden.

63

Auf jeden Fall wären diese Bakterienklone vom Lebensgesetz der Evolution ausgeschlossen, wenn keine Variabilität im Erbgut auftauchen könnte – von zufälligen Änderungen im Genom mal abgesehen. Das ist nicht nur schade, sondern gefährlich: Eine Änderung in den Umweltbedingungen kann alle Klonmitglieder auslöschen.

Dass das bakterielle Erbgut jedoch gar nicht starr in der Zusammensetzung ist, zeigt ein Beispiel: Wir beobachten, wie schnell Krankheitskeime die Fähigkeit erwerben, Antibiotika unwirksam werden zu lassen. Der Erwerb einer Resistenz gegen ein Antibiotikum, beispielsweise die Bauanleitung für ein Antibiotikum spaltendes Enzym, ist aus der Sicht von parasitierenden Bakterien überlebenswichtig. Wie sonst könnten sie den Schwall einer Antibiotikumtherapie überleben?

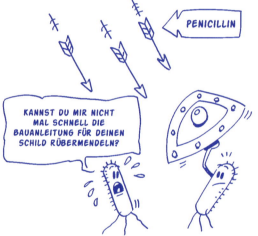

Bei Bakterien gibt es keinen Genaustausch über Geschlechtszellen. Prokaryonten kennen keinen Sex. Aber über welche Wege können dann Bakterien in den Besitz von Eigenschaften gelangen, die sich bei anderen Zellgenossen schon im Kampf ums Dasein bewährt haben?

Dieses Bedürfnis zum Genaustausch wird ersatzweise zum Sex durch drei Mechanismen befriedigt, die wir heute als Transformation, Konjugation und Transduktion bezeichnen. Im Folgenden nehmen wir das Beispiel des Darmbakteriums *Escherichia coli*.

Genetik | III

Die Transformation

Aus dem Lateinischen übersetzt bedeutet Transformation Umbildung. Frei betrachtet steht dahinter das Fischen von genetischem Treibgut eines Bakteriums aus seiner Umgebung. Einmal in die Zelle eingeholt kann sie sich auf Grundlage dieser neuen genetischen Information „umbilden". Es können neue Proteine gebildet werden, die zu neuen Eigenschaften und Fähigkeiten führen.

Mit ihren Experimenten wiesen Oswald Avery und seine Kollegen 1944 nicht nur das Übertragungsprinzip für Bakterien nach, sondern sie bewiesen auch, dass DNA als Träger für die Erbmerkmale verantwortlich ist. In einer Reihe von Versuchen spritzten sie in lebende Mäuse Krankheit erregende Streptokokkenkeime bzw. harmlose Varianten des Erregers. Sie beobachteten, was mit den Mäusen passierte.

65

Die Forscher fingen an zu experimentieren. Sie zerkochten die gefährlichen Keime, bis sie platzten und ihre Erbinformationen ausschütteten. Diese Zellinnereien wurden mit harmlosen, lebenden Keimen versetzt, in der Hoffnung, dass diese Erbinformationen aus dem Kochsud aufnehmen würden. Würde es klappen, dass auch die genetische Information zur Verursachung der Krankheit bei Mäusen aufgenommen wird? Es klappte und aus einigen harmlosen Keimen wurden Killerkeime. Avery und Kollegen hatten aber 1944 noch kein Lehrbuch zur Hand, das ihnen verraten konnte, dass die DNA der Träger von Erbinformationen ist. Sie konnten nur Vermutungen anstellen. So vermuteten sie als Träger für die vererbbaren Eigenschaften entweder Proteine oder Desoxyribonukleinsäuren. Basierend auf folgenden Ansätzen führten sie ihr Experiment durch:

Experiment 1: Maus bekam gefährliche Variante gespritzt.

Experiment 2: Maus bekam ungefährliche Variante gespritzt.

Experiment 3: Die Zellinhalte aus der gefährlichen Variante wurden mit einem Enzym behandelt, das Proteine abbaut und die DNA intakt lässt. Dieser Cocktail wurde anschließend zusammen mit der ungefährlichen Variante gespritzt.

Genetik III

Experiment 4: Die Zellinhalte aus der gefährlichen Variante wurden mit einem Enzym behandelt, das hier die DNA abbaut. Dieser Cocktail wurde anschließend zusammen mit der ungefährlichen Variante gespritzt.

Damit war bewiesen, dass Gene als Träger von Erbinformationen auf der DNA liegen mussten. Für Bakterien war damit auch bewiesen, dass fremde DNA in die Zelle aufgenommen und genutzt werden kann.

Heute wird im Rahmen der künstlichen Genveränderung, **Gentechnologie**, die Transformation genutzt, um gezielt fremde Erbinformationen in ein Bakterium zu übertragen. Im Reagenzglas sollen Bakterien fremde DNA aufnehmen, um beispielsweise Proteine zu produzieren, die für die Bakterien fremd, für uns Menschen dagegen von Nutzen sind, z.B. das **Humaninsulin** (Eiweißhormon zur Regulation der Zuckerkonzentration im Blut) zur Therapie von Diabetes (Mangel an Insulinbildung). Stabilisiert werden diese kleinen Gene, indem sie in kurze ringförmige DNA-Abschnitte integriert werden. Sie werden als **Plasmide** bezeichnet. Diese kleinen DNA-Abschnitte kommen in Bakterien ganz natürlich vor. Sie ergänzen das übliche Bakterienchromosom mit **extrachromosomalen Genen**. Diese Plasmide braucht ein Bakterium nicht für seine überlebenswichtigen Grundfunktionen – diese Erbinformationen liegen ja auf dem Bakterienchromosom. Sie stellen aber mitunter ganz nützliche Ergänzungen des normalen Genrepertoires dar.

Plasmide werden nur in den Reagenzgläsern der Mikrobiologen über Transformation in Bakterienzellen verbracht. Diese Leute heißen so, nicht weil sie besonders kleinwüchsige Biologen sind, sondern weil sie fachlich den kleinsten Organismen in der Biologie zugeneigt sind: den Bakterien, Pilzen und Viren. Mikrobiologen beherrschen filigrane Tricks, um Plasmide in Zellen hineinzuschwemmen. In der Natur würde das nur äußerst selten so passieren.

III | Mit Allelen und Chromosomen auf Wanderschaft

Plasmide verfügen aber über einen eigenen natürlichen Mechanismus, mit dem sie ihr genetisches Material von einem Bakterium auf ein anderes übertragen können. Das ist der Weg der Konjugation, mit dem auch ein anderes Bakterium um neue Erbeigenschaften, Gene, bereichert werden kann.

Die Konjugation

Alte Gemälde zeigen mitunter zwei Ochsen, die gemeinsam vor einen Karren gespannt sind. Verbunden sind sie über ein Joch (griechisch jugos). Diese Impression initiierte möglicherweise die Wortwahl des ersten Bakteriologen, als er zwei Bakterien wie über ein Joch verbunden beim „Konjugieren" beobachtete. Heute wissen wir, dass von einem Bakterium, von dem die Konjugation ausgeht, eine Art Proteinröhre (**Pilus**) auf ein unbefähigtes Bakterium ausgerichtet werden kann. Hat die Röhre am anderen Bakterium angedockt, wird die Proteinröhre abgebaut und der Abstand zwischen den beiden Bakterien wird immer kürzer, bis sich beide Bakterienkörper eng berühren. An beiden Bakterien werden in winzigen Bereichen die Zellwände kurzzeitig geöffnet. Dabei wandert in einer Zellplasmabrücke aus dem Bakterium, das die Konjugation eingeleitet hat, ein Abschnitt kopierter DNA hinüber zum Bakterium, welches somit zusätzliche Erbmerkmale erhält. Meist ist die Spende eine Kopie des Plasmids, auf der nicht nur die Fähigkeit zur Konjugation kodiert ist, sondern zahlreiche weitere

Eigenschaften – beispielsweise Enzyme, mit denen Antibiotika enzymatisch verändert und inaktiviert werden können. Diese Resistenzplasmide verbreiten sich zum Leidwesen der Mediziner und ihrer Patienten nicht nur bei Konjugationen zwischen Krankheitserregern. Man beobachtet diesen Akt des Genaustauschs auch zwischen verschiedenen Arten von Bakterien. Harmlose Bakterien verlieren somit für uns ihre Unschuld, wenn sie für Krankheitserreger die Genabschnitte für Antibiotikaresistenzen schmuggeln.

Plasmide ergänzen das Repertoire des Hauptgenoms durch jeweils ein paar Dutzend Gene. Es gibt sie in verschiedenen Typen und Längen und sie können auch in mehreren Kopien pro Zelle auftreten. Plasmide können aber auch bei Zellteilungen wieder verloren gehen, wenn sie beispielsweise nur auf eine Tochterzelle übertragen werden. Plasmide gehen umso schneller verloren, je weniger die Gene für das Überleben ihrer Träger von Vorteil sind. Dabei ergibt sich natürlich die Frage: Warum sammelt ein Bakterium nicht alle möglichen Plasmide und behält sie? Irgendwann kommen doch Zeiten, wo irgendeines von ihnen nützlich sein könnte.

III | Mit Allelen und Chromosomen auf Wanderschaft

Die Transduktion

Die Transduktion bezeichnet einen Vorgang des „Hinüberwechselns" von DNA aus einem Bakterium in ein anderes, bei dem die Bakterien hilflos dem Treiben von Viren ausgesetzt sind. So wie wir durch Viren Schnupfen bekommen können, können Bakterien auch von Viren belästigt werden. Diese Bakterienviren werden auch Phagen genannt. Viren sind primitive Zellparasiten, die nur aus einem Proteinkörper bestehen, der die Nukleinsäure mit ihrem genetischen Bauplan enthält. Da die Viren keinen Stoffwechselapparat besitzen, mit dem sie ihre Nukleinsäure ablesen können, müssen sie ihr Erbgut in einen Wirt einschleusen. Viren trachten danach, den Wirt so zu manipulieren, dass er für sie die Ablesung und Konstruktion virenspezifischer Proteine übernimmt. Auch wird die phagenspezifische Nukleinsäure vervielfältigt. Zu guter Letzt wird in der Bakterienzelle Phagen-DNA in die Phagen-Proteinhülle eingelagert. Am Ende bildet sich noch ein Enzym, wodurch die Zellwand von innen her zerstört wird (**Lyse**) und alle fertigen Phagen freigesetzt werden. Die Bakterien explodieren von innen her – und der **lytische Zyklus** ist beendet.

Manchmal passiert ein Fehler und statt des Phagengenoms wird ein gleich großes Stück der Nukleinsäure des Bakterienwirts in eine Phagenhülle eingebaut. Dann befindet sich in der richtigen Verpackung ein falscher Inhalt.

(Wenn dieser bakterielle Genabschnitt auf eine andere, noch intakte Bakterienzelle trifft, kann mitunter diese Zelle um ein interessantes neues Gen bereichert werden.) Es kann aus einem erfolgreichen Bakterienbefall ein Phage sein Dasein ins Hundertfache vermehren. Eine noch größere Vermehrung ergibt sich durch die Befähigung vieler Phagen zu einer noch heimtückischeren Strategie. Kurz nach der Injektion eines Phagengenoms in eine Wirtszelle lagert sich der

Nukleinsäureabschnitt des Phagen direkt in das Bakteriengenom ein (**Integration**). Hier verzichtet der Phage auf seine piratisierenden Aktivitäten und wird als sogenannter **Prophage** zum Schläfer. Die Bakterienzelle merkt nichts.

Jedoch wird der fremde Genabschnitt des potenziellen Genpiratens bei jeder Teilung des Bakteriums mit verdoppelt. Zur Erinnerung: Nach 20 Teilungen in Reihe liegen über eine Million Zellen vor – nun alle mit dem eingebauten Phagengenom. Sie können noch lange unbehelligt überleben, aber sie stellen eine tickende Zeitbombe dar. Der Ausbau aus dem schlafenden Zustand und die Aktivierung mit anschließender Lyse kann unter bestimmten Bedingungen – z.B. UV-Bestrahlung – schlagartig eintreten Der Bakteriologe kennzeichnet diese Vermehrungsstrategie als **lysogenen Zyklus**.

Manchmal passieren dabei kleine Fehler. Dabei wird der Genabschnitt des Prophagen so unsauber aus dem Bakteriengenom herausgeschnitten, dass dabei auch flankierende Abschnitte des Wirts am Phagengenom haften. Im anschließenden lytischen Zyklus wird dieser Phagengenommischling vervielfältigt und für die Lyse in Phagenhüllen verpackt. Auch so können Bakteriengene als blinde Passagiere in andere Bakterien gelangen.

KAPITEL IV

ALLES IM FLUSS

Alles im Fluss
Stoffwechsel

Lehmklumpen, aus denen wir Tierfiguren formen und brennen, bleiben leblose Lehmfiguren. Die Moleküle, aus denen das Leben geformt wird, müssen von lebenden Organismen erst erschaffen werden. Aber diese Organismen würden ohne diese Moleküle gar nicht existieren.

Alle Lebensmoleküle können aus unbelebten, chemischen Substanzen gebildet werden, die auf der Erde zur Verfügung stehen. Aus salzigem Wasser, Luft und Sonne bauen viele Vertreter der Mikroorganismen und Pflanzen alles auf, was sie selbst zum Leben benötigen.

Zum Stoffwechsel gehört auch die Umwandlung verschiedener organischer Substanzen ineinander. Einige Organismen zerlegen schrittweise abgestorbene Organismen in kleinere Bestandteile, andere wiederum dann die Zellen in Einzelmoleküle, die sie in ihre eigenen Zellen einbauen können oder die von anderen Zellen verwertet werden. Ohne diesen Stoffwechsel wäre die Erdoberfläche heute meterdick mit Tierkadavern und Pflanzenresten bedeckt.

Liebe Bakterien und Pilze – an dieser Stelle euch einen herzlichen Dank.

Wissenschaftler nennen das Teilgebiet der Biologie, das sich mit den chemischen Reaktionen in Organismen befasst, Stoffwechselphysiologie bzw. Biochemie. Stoffwechsel wird auch als Metabolismus bezeichnet, was aus dem Griechischen stammt und übersetzt „Formveränderung" heißt.

Sieben Kategorien des Stoffwechsels

Wir können die „Formveränderungen" in sieben Kategorien einteilen:

1. Zum **Baustoffwechsel** gehören Reaktionen, mit denen biomolekulare Bausteine und sichtbare Zellstrukturen geschaffen werden.

2. Anabolismus bezeichnet einen Aufbaustoffwechsel, bei dem komplexe bzw. spezielle Moleküle aus Grundbausteinen gebildet werden.

IV | Alles im Fluss

Moleküle, die von außen aufgenommen werden, können zudem zu zelleigenen Substanzen geformt werden. In diesem Zusammenhang taucht noch ein Fachausdruck auf, der mit „A" anfängt: **Assimilation** (was so viel heißt wie: „Fremdes wird von außen an das Innere angeglichen").

3. **Heterotrophie** kennzeichnet einen Stoffwechsel, bei dem sich ein Organismus von verschiedenen organischen Substanzen ernährt und sie in körpereigene Stoffe umwandelt. Wir selbst sind Vertreter für diese Ernährungsweise (griechisch: trophie)!

Stoffwechsel | IV

4. **Autotrophie** bezeichnet den Stoffwechsel, bei dem der Kohlenstoff der organischen Verbindungen aus dem Kohlen(stoff)dioxyd (CO_2) stammt. (Die organische Chemie ist die Chemie der Kohlenwasserstoffverbindungen). Pflanzen und einige Vertreter der Prokaryonten bewerkstelligen dies unter Ausnutzung der Sonnenenergie (Photosynthese).

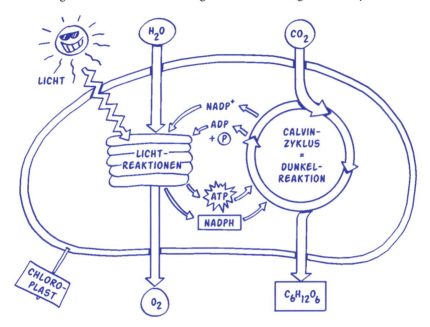

Chemolithotrophe Organismen gewinnen die Energie aus der Umwandlung anorganischer, energiereicher Substanzen: Lithos kommt aus dem Griechischen und bedeutet „der Stein". Da diese „Steinbeißerchen" den Kohlenstoff aus dem CO_2 gewinnen, nennt der Fachmann sie exakt:

5. Die **Dissimilation** ist die Umkehrung der Assimilation: Komplexe organische Substanzen werden in Untereinheiten zerlegt.

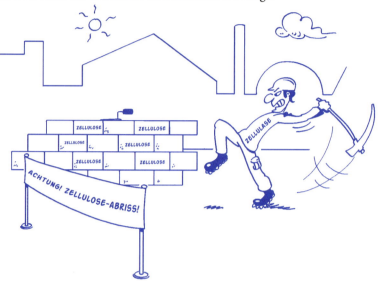

Dies kann so weit erfolgen, dass neben Mineralien nur noch Wasser und CO_2 übrig bleibt – und Energie, die der abbauende Organismus nutzen will. Bei der Atmung werden die Substanzen mit Sauerstoff (also aerob) abgebaut. Bei der Gärung geschieht dies ohne Sauerstoff (also anaerob). Die Dissimilation verläuft in sehr geordneten Stoffwechselvorgängen, was nichts mit

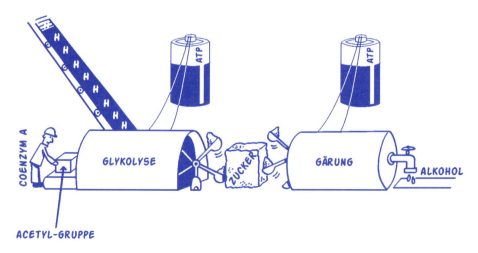

Stoffwechsel | IV

einer Katastrophe zu tun hat. Da aber auch hier die Richtung „abwärts" zeigt, bezeichnet die Wissenschaft diesen Stoffwechseltyp als Katabolismus. Glukose, ein Zuckermolekül mit 6 C-Atomen, wird im Stoffwechselweg der Glykolyse und bei der alkoholischen Gärung bis zum Pyruvat (= Brenztraubensäure, eine Verbindung mit 3 C-Atomen) umgewandelt. Diese Abbaustraße liefert etwas chemische Energie (ATP). Während Bierhefen ohne Sauerstoff Ethanol bilden, wird bei den meisten Organismen mit Sauerstoff eine Acetyl-Gruppe mit 2 C-Atomen gebildet, die kurzfristig an das Coenzym A gebunden werden.

6. An den Ausfallstraßen einer Stadt ist gut zu erkennen, welche Fahrzeuge die Stadt verlassen und welche in die Stadt hineinfahren. Je näher wir dem Stadtzentrum kommen, umso schwieriger wird eine entsprechende Zuordnung. Die Substanzen im Stoffwechsel bezeichnen Wissenschaftler als Metabolite. Einigen Metaboliten ist nicht mehr anzusehen, ob sie dem Anabolismus zugehören oder ob sie dem Katabolismus entstammen. Dieser Bereich des Stoffwechsels wird als **Intermediärmetabolismus** bezeichnet.

Ein Beispiel: Der **Citronensäurecyclus** ist ein Intermediärstoffwechsel, in den das Coenzym A Acetyl-Gruppen einschleust. Dabei wird aus Oxalacetat (4C) die Citronensäure (6C) gebildet. Die Citronensäure wird über mehrere Zwischensubstanzen wieder bis zum Oxalacetat abgebaut.

An mehreren Stellen können energiereiche Elektronen zusammen mit Wasserstoffprotonen (H^+) auf Trägermolekülen (z.B. NAD^+ = Nicotinamid-Adenin-Dinukleotid) abtransportiert werden oder ATP bzw. hier zunächst das ähnliche GTP (Guanosintriposphat) gewonnen werden. Alternativ können aber auch aus dem Citronensaurecyclus Zwischensubstanzen fur den Aufbau von Aminosäuren entnommen werden.

IV | Alles im Fluss

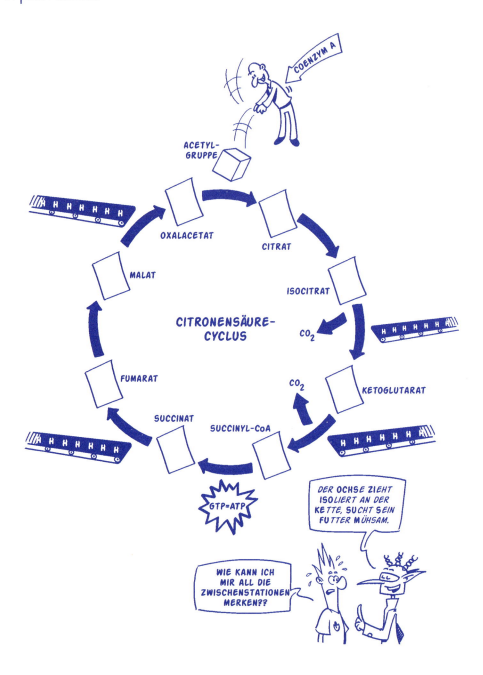

80

Stoffwechsel | IV

7. Im **Energiestoffwechsel** werden verschiedene Energiequellen genutzt. Genutzt wird zum einen die Energie der Sonneneinstrahlung (Photosynthese) zur Bildung von ATP bzw. energiereicher NADPH-Moleküle für den Aufbau von Glukose.

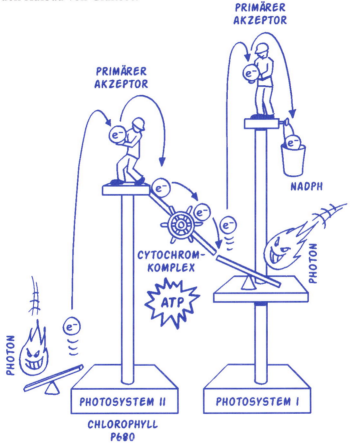

Energie kann aber auch gewonnen werden, wenn energiereiche anorganische Verbindungen umgewandelt oder organische Substanzen zerlegt (Dissimilation) werden. Bei der Photosynthese oder bei der Dissimilation gewonnene Energie wird zwischenzeitlich in speziellen Molekülen (z.B. ATP) konserviert. Darüber hinaus (und das ist sehr wichtig!): Wasserstoffionen mit ihren energiereichen Elektronen werden aus Stoffwechselwegen isoliert und bei Eukaryonten auf

Mitochondrien-Membranen übertragen. Hier übertragen Enzymkomplexe im Prozess der **Atmungskettenphosphorylierung** zum einen Wasserstoffprotonen auf die andere Seite der Membran, während zum anderen die Elektronen entlang der Membran transportiert werden. Beim Rückfluss der Wasserstoffprotonen ins Zellinnere werden ATP-Moleküle gewonnen („aufgeladen"; Phosphorylierung) und Wassermoleküle (Atmung) gebildet.

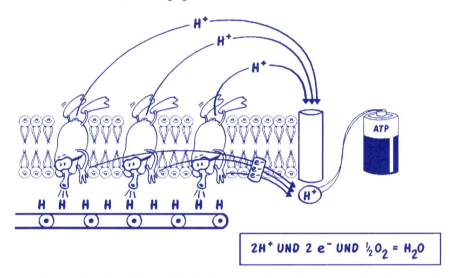

Wie Akkus geben die ATP-Moleküle die gespeicherte Energie wieder ab: an anderer Stelle des Stoffwechsels, zur Bewegung, zur Erhaltung von Ionengradienten an Membranen – je nachdem, wo Energie benötigt wird und Vorgänge des Lebens ermöglicht. Sehr viel Energie verschlingt natürlich der Aufbau der vielfältigen Bausubstanzen.

Grundmoleküle des Lebens

Zu den wichtigsten Biomolekülen zählen vier Grundsubstanzen: Fette, Zucker, Aminosäuren und die Bausteine der Nukleinsäuren. Diese Biomoleküle finden wir in fast allen Stoffwechselwegen. Dort werden sie geschaffen, verändert oder abgebaut. Oft werden auch verschiedene Grundmoleküle miteinander verknüpft, um die Mischungen zu schaffen, aus denen die verschiedensten Zellbestandteile bestehen.

Stoffwechsel | IV

1. Zucker und Saccharide

Zucker bestehen mindestens aus den Atomen Kohlenstoff, Wasserstoff und Sauerstoff. Die Zahl der Kohlenstoffatome trägt zum Namen bei: Glukose (Traubenzucker) und Fruktose (Fruchtzucker) haben je 6 C-Atome und heißen **Hexosen** (hexa, griechisch für sechs). 5-C-Zucker sind Pentosen, 7-C-Zucker heißen Heptosen. Zwei Einzelzucker (**Monosaccharide**) können zu einem Disaccharid verknüpft werden. Glukose und Galaktose ergeben ein Molekül namens Laktose, das uns unter dem Namen Milchzucker wohl aber geläufiger ist. Noch längere Ketten heißen **Polysaccharide**: Stärke ist aus vielen Glukosemolekülen gleichmäßig zusammengekettet. Zuckerketten finden wir als Stabilisator in Zellwänden (z.B. in zellulosehaltigen Zellwänden der Pflanzen). Zusammen mit Polysacchariden gehören die Monosaccharide zu den **Kohlenhydraten**. Organismen nutzen Kohlenhydrate oft als Speicherstoffe und zum Energiestoffwechsel.

2. Fettsäuren, Fette, Lipide

Fettsäuren bestehen aus langen Ketten, die aus den beiden Atomen Kohlenstoff und Wasserstoff zusammengesetzt sind. Sie heißen Fettsäuren, da an einem Ende Sauerstoffmoleküle liegen, die eine Säuregruppe charakterisieren. Über ihre Säuregruppen können bis zu drei Fettsäuren an ein Glycerinmolekül „verestert" werden – fertig ist das **Fettmolekül**. Fette sind die charakteristischen Molekülbausteine für die Bildung von Membranen aller Art. **Lipide** ist die Fachbezeichnung für Fette und fettartige Substanzen. Im Gegensatz zu den Zuckermolekülen sind Lipide recht wasserscheu (hydrophob) und mischen sich am liebsten nur mit sich selbst.

3. Aminosäuren, Proteine und Enzyme

Unser Körper enthält 20 verschiedene Typen an Aminosäuren. Allen Aminosäuren ist gemeinsam, dass sie an einem C-Atom eine saure Carboxylgruppe (-COOH) enthalten und eine alkalische (basische) Aminogruppe ($-NH_2$). Wenn sich die saure Gruppe einer Aminosäure mit der alkalischen Gruppe einer anderen Aminosäure verknüpft, entsteht unter Wasserabspaltung eine feste Verknüpfung – die **Peptidbindung**. Zwei Aminosäuren ergeben ein **Dipeptid**. Lange Peptidketten bilden Strukturen, die als **Proteine** oder als Eiweiße bezeichnet werden. Proteine finden wir in vielen Zellstrukturen, sie sind Bestandteile der Antikörper zum Aufbau unseres Immunsystems und bilden die Enzyme. Enzyme sind die „Handwerker" im Stoffwechsel. Jeder Stoffwechselschritt wird von einem eigenen, spezifischen Enzym bewerkstelligt. Enzyme arbeiten energieeffizient und werden bei den Arbeiten selbst nicht „verbraucht". Man nennt sie auch Biokatalysatoren.

4. Nukleotide und Nukleinsäuren

Adenosintriphosphat ist der wichtigste Speicherstoff für Energie. Der eigentliche Akku ist die Purinbase Adenin – zwei Ringsysteme die neben Kohlenstoff, Wasserstoff und Sauerstoff auch Stickstoffatome im Molekül enthalten. Diese Base ist über einen 5-C-Zucker mit einem (= leerer Akku) bis drei (= voller Akku) Phosphatmolekülen verknüpft. Wird die Base Adenin mit einem Zucker und einer Phosphatgruppe verknüpft, dann heißt dieses zusammengesetzte Molekül: Nukleotid. Nukleotide sind die Bausteine der Nukleinsäuren, der Stoff, aus dem die Gene sind. Neben Adenin gibt es eine weitere Purinbase – das Guanin. Außerdem gehören zu den Nukleotiden die Einring-Pyrimidinbasen Cytosin und Thymin. Die Basen finden wir in der Desoxyribonukleinsäure DNA. Aus dem Englischen stammt die Abkürzung für das A: Acid für Säure! Der weltberühmte Biochemiker Erwin Chargaff hat die Erbsubstanz DNA untersucht und Folgendes festgestellt: Die Zahl der Guaninbasen ist in einem DNA-Strang immer so groß wie die Zahl der Cytosinbasen. Die Zahl der Adenine ist immer so groß wie die der Thymine. Diese Zahlenkonstanz wird ihm zu Ehren als „**Chargaff-Regel**" bezeichnet.

So verblüffend diese Regel ist, noch verblüffender ist, dass zunächst kein Wissenschaftler die logische Schlussfolgerung für den Aufbau der Desoxyribonukleinsäure (DNA) als Großmolekül erkannte.

Aufbau der DNA und ihre Verdopplung (Replikation)

Erst die Forscher James D. Watson und Francis Crick gewannen 1953 die Erkenntnis und dann den Nobelpreis. Sie bastelten Modelle:

In der DNA sind in dem jeweiligen Strang die Basen an einen 6-C-Zucker, die Desoxyribose, gebunden. Die Zucker sind über Phosphatgruppen miteinander verknüpft.

Das **Watson-Crick-Modell**, die **Doppelhelix**-Formation der „gedrehten Strickleiter", erklärte, warum die DNA als Datenträger zur Speicherung und zum Kopieren der Lebensinformationen geeignet ist:

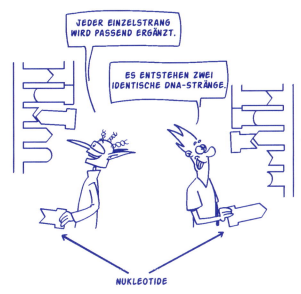

Bei der Teilung bekommt jede Zelle einen kompletten DNA-Strang. Eine Hälfte stammt dabei von der ursprünglichen DNA, die andere Hälfte ist frisch ergänzt. Diesen Mechanismus nennen Wissenschaftler **semikonservative Replikation**.

Proteinbiosynthese

Die DNA-Doppelhelix erklärt nicht nur, wie bei der Teilung identische Kopien auf die neuen Zellen gelangen. Die Doppelhelix enthält auch den Schlüssel zum Bau der Proteine. Der genetische Code, wie spezifische Nukleotide einzelne Aminosäuren bestimmen, ist recht einfach:

Die Reihenfolge der drei Basen A(denin)+C(ytosin)+C(ytosin) beispielsweise codiert in der DNA die Aminosäure Tryptophan. Die Aminosäure Cystein wird durch die Basenanordnung (**Triplett** oder **Codon**) ACA, aber auch durch ACG festgelegt. Andere Aminosäuren werden durch eine noch höhere Zahl an Tripletts erreicht. Valin ist beispielsweise durch vier Codons (CAA, CAG, CAT bzw. CAC) festgelegt.

Die Übersetzung von Tripletts in Aminosäuren findet nicht an der DNA direkt statt. Überall, wo das **Startcodon** TAC erscheint, beginnt das spezifische Enzym RNA-Polymerase mit der Herstellung eines komplementären Strangs. Das Kopieren wird beendet, sobald das Enzym ein **Stopcodon** (z.B. ATT) erreicht. Der kopierte Nukleinsäureabschnitt zwischen Startcodon und Stopcodon ist eine Abschrift (**Transkript**) der DNA. Der Überschreibevorgang wird als **Transkription** bezeichnet. Die Abschrift ist eine Nukleinsäure, die sich aber von DNA unterscheidet: Sie ist **einzelsträngig** und nicht doppelsträngig. Statt des Zuckers Desoxyribose (6C) enthalten die Nukleotide den Zucker Ribose (5C). Die Nukleinsäure ist die Klasse der Ribonukleinsäuren (RNA). Im Unterschied zu den Desoxyribonukleinsäuren ist die Base Thymin durch die recht ähnliche Base **Uracil** (abgekürzt U) ersetzt. In der Abschrift der RNA lauten die Codone für die Aminosäure Valin: GUU, GUC, GUA und GUG.

Nachdem diese **Boten-RNA (messenger-RNA oder mRNA)** als Kopie eines DNA-Abschnitts erstellt wurde, entfernt sie sich von der DNA und wandert zu den Ribosomen, den Proteinfabriken.

Das geht bei den Prokaryonten direkt ohne Barriere zwischen DNA und Ribosomen. Bei Eukaryonten erfolgt die Abschrift im Zellkern, die Ribosomen befinden sich aber außerhalb des Zellkerns. Die mRNA muss erst die Kernmembran passieren. Dabei werden oft verschieden lange Abschnitte (**Introns**) aus der mRNA herausgeschnitten und verworfen. Die Schnittreste (**Exons**) werden in nun verkürzter Länge frisch verknüpft. In dieser „**gespleißten**" (zurechtgespaltenen) Form verlässt die mRNA die Kernmembran ins Cytoplasma mit Richtung Ribosomen.

Die Ribosomen sind in Eukaryonten etwas größer als in Prokaryonten, bestehen aber immer aus einem großen und einem kleinen Teil. Wie beim Einfädeln eines Fadens durch ein Nadelöhr wandern die messenger RNAs durch die Ribosomen. Dabei findet die Übersetzung (Translation) aus der Sprache der Nukleinsäuren in die Sprache der Aminosäuren statt.

Für die Übersetzung sind spezifische **transferRNA-Moleküle (tRNAs)** notwendig. Das sind kleeblattförmige Moleküle aus RNA, die an einer spezifischen Stelle ein **Anticodon** besitzen (z.B. CAA – eines, das für die Aminosäure Valin vorbehalten ist) und an einer anderen Stelle eine Region, an der spezifisch die zum Anticodon passende Aminosäure befestigt ist. In den Ribosomen findet das „Aneinanderfügen" zwischen den Tripletts der mRNA („Schriftrolle") mit den passenden Anticodonen in der tRNA („Kleeblatt") statt. Bei dieser Paarung geben die tRNAs ihre jeweilige Aminosäure ab. Dann ist die Paarung beendet: Die leere tRNA verlässt das Ribosom. Auch das eben translatierte Triplett macht Platz für das nächste Triplett, damit sich das mit seiner tRNA paaren kann. In diesem Rhythmus wird die gesamte mRNA am Ribosom abgelesen.

So wie an einem Ausgang der Ribosomen nach der Übersetzung der mRNA-Faden wieder herauswandert, verlässt an einem Nebenausgang ein wachsender Proteinfaden die Ribosomen. In diesem Faden sind die Aminosäuren gemäß der Anordnung der Nukleotid-Codone verknüpft. Später wird der Proteinfaden so gefaltet, dass für jedes Protein eine charakteristische dreidimensionale Form entsteht. Manche Proteine finden von selbst zu ihrer Figur, andere benötigen zur Formfindung Hilfe durch besondere „Anstandsproteine" (**Chaperone**).

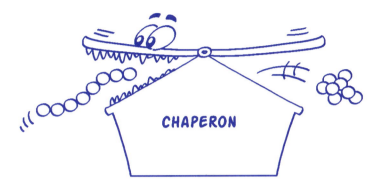

Der Weg von der DNA zur RNA (Transkription) und von der RNA zum Protein wird auch als **Proteinbiosynthese** bezeichnet. Einem Enzym ist immer ein bestimmter Abschnitt (Gen) auf der DNA zugeordnet.

KAPITEL V
KONTROLLE IST BESSER

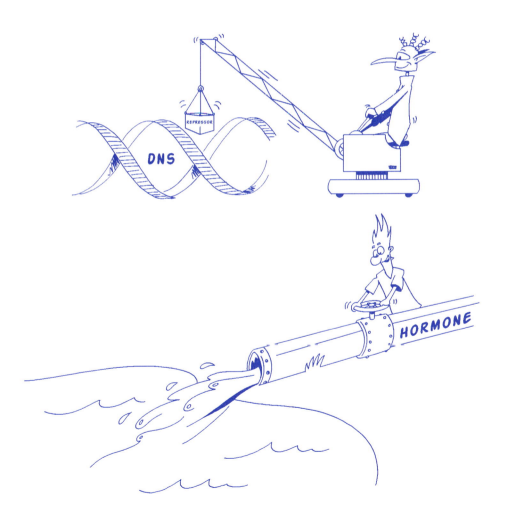

Kontrolle ist besser
Regulation und Hormone

Hormone beim Menschen und anderen Warmblütern

Stellen wir uns einmal eine Gazelle vor, die andauernd mit Höchstgeschwindigkeit durch die Savanne springen und spurten würde.

Ihr Vorteil: Sie hätte theoretisch die besten Chancen, nicht in die Fänge eines Löwen zu geraten! Aber: Die Gazelle hätte keine Zeit mehr zur Nahrungsaufnahme oder für den regenerierenden Schlaf. Wahrscheinlich hätte sie auch keine Gelegenheiten mehr, ihre dynamischen Gene weiterzugeben. Ohne Energie und nicht ausgeruht – das würde rasch die totale Erschöpfung bedeuten. Das wiederum wäre dann ganz nach dem Geschmack der Löwen.

Aufmerksamkeit, ein flotter Antritt sowie eine gewisse Ausdauer in der Bewegung sind bei diesem Beispiel der Ausdruck einer sicherlich erfolgreichen Überlebensstrategie. Ein markantes Knurren aus dem hohen Gras oder das Wahrnehmen einer verdächtigen Bewegung werden vom Zentralen Nervensystem (Gehirn und Rückenmark) registriert. Blitzartig werden Nervenimpulse ausgesendet und sogleich in Muskelkontraktionen umgesetzt. Über das vegetative

Nervensystem kann durch dessen aktivierenden Teil (Sympathicus) die körperliche Leistungsfähigkeit gesteigert werden. Ohne dass es einem Wirbeltier bewusst wird, befehlen dabei Nervenimpulse ganz bestimmten Drüsenzellen, Hormone auszuschütten. So sekretiert das Nebennierenmark schlagartig das Hormon **Adrenalin**, welches wie alle Hormone über Blut und Lymphe schnell im ganzen Körper verteilt wird.

In einem durchstrukturierten, vielzelligen Organismus, wie dem des Menschen, müssen sich die Körperzellen untereinander abstimmen. Hierfür gibt es zwei Kommunikationssysteme: Eines ist das Nervensystem; das andere ist das **Hormonsystem**. Es wird auch endokrines („nach innen ausschütten") System genannt, da die Hormone die Transportwege des Blutes und der Lymphe benutzen. Während Nervenimpulse schnell ankommen, kurzeitig und unmittelbar auf Empfängerzellen wirken, eröffnen sich dem Körper über das Informationssystem der Hormone andere Möglichkeiten. Zwar dauert die Signalübermittlung auf die Drüsenzellen ein wenig länger, aber dafür versetzen Hormone den Körper in einen Zustand, der grundsätzlich in mehreren Eigenschaften verändert ist. Die Wirkung ist nachhaltig und dauert so lange an, bis das Hormon aus Blut und Lymphe verschwunden ist.

Hormone wirken nur auf spezifische Erkennungsstellen an den Zellen, die sie beeinflussen sollen. Dafür reicht die Produktion einer relativ geringen Menge des jeweiligen Hormons.

Adrenalin ist ein Stresshormon und bewirkt für die Gazelle Wichtiges: Herzschlag und Atemfrequenz werden erhöht, während die Magen- und Darmtätigkeit reduziert werden. Parallel zur Adrenalinbildung erhalten die Alphazellen der Bauchspeicheldrüse (Pankreas) Nervenimpulse zur Synthese von Glukagon. Dieses Hormon erhöht den Blutzuckerspiegel, indem es Leberzellen das Signal gibt, eingelagerte Glukose abzubauen und in das Blut auszuscheiden, wo es für die körperlichen Belastungen dringend benötigt wird.

Viele Hormone können im Körper 20 Minuten oder länger verweilen. Die Halbwertzeit von Adrenalin beträgt nur 3 bis 5 Minuten. Setzt ein Löwenrudel zur langanhaltenden Verfolgungsjagd an, wird auch die Nebennierenrinde zur Ausschüttung des Hormons Cortisol veranlasst. Dieses regt weitere Stoffwechselreaktionen in Muskel- und Leberzellen (Bildung von Glukose aus Fetten und Aminosäuren) an.

Nicht nur für das Wohlbefinden der Gazelle ist es wichtig, zum einen nicht zu früh gefressen zu werden und zum anderen sich nicht zu lange im stressreichen Raum aufzuhalten, da dies Stresskrankheiten wie Bluthochdruck und Herzinfarkt zur Folge haben könnte.

Ist die Gefahr gebannt, können Hormone gebildet werden, die der vorherigen Situation entgegenwirken. So veranlasst das Hormon **Insulin** die Leberzellen, wieder Glukose aus dem Blut zu entnehmen, damit es in der Leberzelle als Glykogen eingespeichert wird. Dadurch sinkt der Blutzuckerspiegel.

Bei der Zuckerkrankheit (Diabetes) fehlt das Hormon Insulin oder es wird in zu geringen Mengen durch die Beta-Zellen der Bauchspeicheldrüse produziert. Ein permanent hoher Blutzuckerspiegel hat negative Auswirkungen auf Augen, Nerven und Nieren. Neben dem angeborenen Diabetes können eine ungesunde Ernährung und Bewegungsmangel in der zweiten Lebenshälfte zur Alters-Diabetes führen. Vor einigen Jahrzehnten noch mussten Medikamentenhersteller gekühlte Bauchspeicheldrüsen aus Schlachthöfen über Ländergrenzen hinweg herantransportierten, um hieraus aufwändig dem menschlichen Insulin ähnliche Insuline aus Rindern und Schweinen zu isolieren.

Dank der Gentechnologie konnte inzwischen das Gen für humanes Insulin in Mikroorganismen eingebaut werden. Nur so lässt sich der steigende Weltbedarf durch Fermentation in großen Rührkesseln decken.

Einen sehr deutlichen Einfluss auf Aussehen und Verhalten üben die Geschlechtshormone aus. Ornithologen (Vogelforscher) fanden heraus, dass bei Vogelmännchen die Hormonbildung durch die Dauer des Tageslichts beeinflusst wird. Bis kurz nach der Sonnenwende im Juni wird nachweislich ein Hormonspiegel (Konzentration) aufgebaut, der lieblich-laute, morgendliche Vogelgesänge der Männchen zur Folge hat, manchmal verbunden mit einem interessanten Balzverhalten.

Unterstrichen wird dies meist auch noch von einem farbenfrohen Gefieder. Bei Menschenmännern produzieren Keimdrüsen in den Hoden Geschlechtshormone (wie das Testosteron). Sie sind verantwortlich für die Reifung der Spermienzellen und für viele typischen Männlichkeitsmerkmale. Bei Menschenfrauen werden in den Eierstöcken Hormone (wie Östrogen und Progesteron) produziert, die in Verbindung mit einigen der zehn Hormone der Hirnanhangsdrüse (Hypophyse) den Zyklus der Frau regeln und für viele typische Weiblichkeitsmerkmale verantwortlich sind. Zusätzlich zu diesen Geschlechtshormonen besitzen Mann und Frau in der Gehirnregion die Zirbeldrüse (Epiphyse), deren Hormone die Reifung der Geschlechtsmerkmale unterstützen.

Neben der Thymusdrüse, auf deren Bedeutung wir in Kapitel 7 zur Immunbiologie näher eingehen werden, ist schließlich die Schilddrüse für die Bildung von Thyroxin verantwortlich. Dieses Hormon beeinflusst den Stoffwechsel in vielfältiger Weise und wird selbst durch ein Hormon (Thyreotropin) aus der Hypophyse gesteuert. Die Schilddrüse arbeitet unauffällig. Schnelle Atmung und Herzschlag sowie Gewichtsverlust könnten auf eine zu hohe Ausschüttung von Thyroxin deuten (Überfunktion). Mattigkeit und Gewichtszunahme lassen möglicherweise auf eine zu geringe Produktion von Thyroxin schließen (Unterfunktion).

Die molekulare Seite der Hormone

Chemisch gehören die Hormone zu den interessanten Mehrfachringsystemen der Steroide oder sie bestehen aus einzelnen oder mehreren Aminosäuren (Peptide). Zu den Steroiden gehört das Cholesterin, aus dem andere Hormone synthetisiert werden können.

Ein Beispiel sind die weiblichen Östrogene. Damit eine Eizelle vor der Befruchtung heranreifen kann, sind zwei weibliche Geschlechtshormone notwendig, die in der Hypophyse gebildet werden. Die Einnahme von sogenannten Ovulationshemmern („Die Pille") – eine Hormonmischung aus Östradiol und Progestron – hemmt diese Bildung und verhindert eine Schwangerschaft. Diese Hormone können als Pille verabreicht werden, da Steroide unverdaut bis in die Dünndarmregion gelangen. Dort gehen sie ins Blutsystem über. Insulin ist dagegen ein Peptidhormon, welches im Darmbereich von körpereigenen und bakteriellen Enzymen zerlegt werden würde.

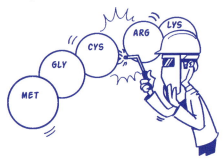

Das ist der Grund, warum sich Diabetes-Patienten ihre täglichen Injektionen ins Unterhautfettgewebe spritzen müssen, von wo es in die Blutbahnen gelangt.

Bei Steroidhormonen und Peptidhormonen finden wir unterschiedliche Wege, wie sie mit ihren Zielzellen kommunizieren. Wir erinnern uns an die Gazelle, die vor dem Löwen flüchten möchte: Ihre Flucht kostet Energie, d.h., Glukose als molekularer Brennstoff muss schnell aus den Leberzellen in das Blutsystem freigesetzt werden. Wir erinnern uns: In den Leberzellen sind die Glukosemoleküle dicht verpackt. Ein Glukosemolekül ist mit dem nächsten zu einer langen Kette chemisch fest verknüpft. Dieses Mehrfachmolekül heißt Glykogen. Damit Einzelmoleküle aus Glukose freigesetzt werden können, muss Glykogen durch ein spezifisches Enzym, die Glykogen-Phosphorylase, gespalten werden.

Die Gazelle steht unter Stress und eine der Aufgaben des Stresshormons Adrenalin wäre die Spaltung des Glykogens. Es gibt allerdings Probleme: 1. Adrenalin ist ein Bote und kein Handwerker, d.h., es ist selbst nicht in der Lage, in der Leberzelle Glykogen zu spalten. Zum Glück liegen diese Enzyme in der

Zelle schon vor. Sie sind allerdings in einem ruhenden, inaktiven Zustand und müssen in einen aktiven Glykogen-Spalter-Zustand versetzt werden. Nun könnte Adrenalin ja diesen Enzymen mitteilen, dass ihre Ruhepause (leider) beendet ist. Es existiert allerdings noch ein zweites Problem: Die Adrenalinmoleküle können nicht die Zellmembran passieren und ihre Botschaft direkt überbringen. Die Natur hat einen interessanten molekularen Ausweg gefunden: Das Adrenalinmolekül gelangt nicht in die Zelle, aber an die Zelle. Auf der Grundlage des Schlüssel-Schloss-Prinzips befinden sich außen auf den Membranen der Leberzellen spezifische Erkennungsmoleküle (an peripheren Proteinen), an die sich Adrenaline anlagern.

Nach erfolgreicher Erkennung überträgt dieses Rezeptormolekül ein Aktivierungssignal („Habe wieder eine Botschaft erhalten!") auf ein benachbartes Enzymprotein, welches auf der Innenseite der Zelle liegt.

Diese Adenylatcyclase wird aktiviert und kann Folgendes tun: Sie greift sich vorbeischwimmende ATP (Adenosintriphosphat)-Moleküle aus dem Inneren der Zelle und erleichtert diese um zwei Phosphatmoleküle. Aus dem übrig gebliebenen Adenosinmonophosphat (ATP minus PP = AMP) „dreht sie ein Schleifchen". Genau genommen wird AMP cyclisiert. AMP heißt dann cAMP (cyclisches Adenosinmonophosphat). Dieses cAMP hat in vielen Zelltypen die Aufgabe,

V | Kontrolle ist besser

Botschaften, die von außen an eine bestimmte Zelle herangetragen werden, im Zellinneren zu verbreiten. cAMP wird als **sekundärer Botenstoff** (**second messenger**) bezeichnet.

Ein cAMP aktiviert ein Kinasemolekül (Proteinkinase A). Eine Proteinkinase A aktiviert etwa zehn Phosphorylasekinasen, von denen wiederum jede zehn Glykogenphosphorylasen aktiviert. Glykogenphosphorylase kann endlich Glykogen spalten, wobei je Enzym ca. 100 Glukosemoleküle freigelegt und mit einer Phosphatgruppe versehen werden.

Das ursprüngliche einfache Hormonsignal eines einzigen Adrenalinmoleküls vervielfacht sich in mehreren Zwischenschritten zu etwa 100 Millionen gebildeten Glukosephosphat-Molekülen. Dieses Prinzip der Signalverstärkung ist in der Molekularbiologie häufig zu finden und wird als **Aktivierungskaskade** bezeichnet.

In den Leberzellen ist cAMP also eine indirekte Folge des Außensignals Adrenalin. Es bewirkt in diesem Zelltyp, dass letztendlich die Glykogen spaltenden Enzyme aktiv werden können. Das Ganze geht natürlich recht fix. Würde es so lange dauern wie das Durchlesen der letzten Seite zum Second-messenger-Konzept, wäre die Gazelle längst tot und der Löwe für Wochen satt.

HORMON-REZEPTOR-FAHRGEMEINSCHAFT

Steroidhormone haben es einfacher. Ein Sexualhormon braucht nicht an der äußeren Zellmembran stehen zu bleiben. Steroide sind fettlöslich (lipophil) und können Membranen passieren. Einmal in der Zelle angelangt werden sie von speziellen Eiweißmolekülen begrüßt – es bildet sich ein spezifischer **Hormon-Rezeptor-Komplex**. Dieser hat die Möglichkeit, als Komplex in den Zellkern vorzudringen. Dies ist der Ort, wo entschieden wird, welche Gene an- oder abgeschaltet werden.

Nach dem Schlüssel-Schloss-Prinzip kann auch ein Hormon-Rezeptor-Komplex ganz bestimmte Genschalter bedienen, die dazu führen, dass Gene für Enzyme abgelesen werden, die sonst nicht zum Einsatz kommen. Über diese Strategie des **Gen-Aktivierungs-Mechanismus** führen beispielsweise Geschlechtshormone bestimmte Zellen zu geschlechtsspezifischen Reaktionen.

Regulation der Genaktivität

Ein Männchen muss nicht das ganze Jahr über schön sein. Wenn die Balz- und Brutzeit im Sommer beendet ist, wird das Prachtgefieder, wie es beispielsweise das Männchen der Stockente und vieler anderer heimischer Entenarten ziert, für einige Monate durch ein Schlichtkleid ersetzt. Das Alpenschneehuhn entdeckt der Höhenwanderer im Sommer in seinem bräunlichen Gefieder, der alpine Skifahrer sieht es (wohl eher nicht!) in seinem weißen Kleid.

Es ist einleuchtend, dass die Steuerung von Genaktivitäten umso komplexer sein muss, je stärker die Zellen eines Organismus spezialisiert sind. Braucht ein Einzeller wie ein Darmbakterium dann überhaupt eine Regulation seiner Genaktivität?

Selbstverständlich gibt es Gene, die bei Einzellern und bei Vielzellern andauernd angeschaltet sind. Die Enzyme, die die Proteinbiosynthese ermöglichen, sind immer gefragt. Schließlich wird ständig irgendein Eiweiß benötigt. Gene, die ununterbrochen abgelesen werden, nennt man **konstitutive Gene**. Gene, die einmal in einem aktiven, ein andermal in einem inaktiven Zustand vorliegen können, heißen **regulierbare Gene**.

Es gibt regulierbare Gene, die können sich im Normalfall zunächst scheinbar wie konstitutive Gene verhalten: Wenn die Bakterienzelle mit allen Aminosäuren Proteine herstellen will, dann muss sie auch alle 20 Aminosäuren dafür produzieren. Es sind 20 Herstellungsstraßen zu betreiben. Dementsprechend müssen alle Enzyme, die in diesen 20 Stoffwechselwegen benötigt werden, von ihren Genen auf der DNA abgelesen und gemäß der jeweiligen Bauanleitung an den Ribosomen hergestellt werden. Das kostet alles Energie und Material, aber es scheint unumgänglich, denn kein Leben ohne Proteine und kein Protein ohne Aminosäuren.

Im Normalfall müssen beispielsweise für die Herstellungsstraße „Tryptophan" fünf Enzyme bereitgestellt werden. Auf der DNA ist das hübsch organisiert: Die RNA-Polymerase erkennt den entsprechenden Promotor und macht aus der DNA eine RNA-Abschrift. Auf dieser liegen hintereinander die fünf Enzymgene, die allgemein auch als **Strukturgene** bezeichnet werden. So wird garantiert, dass alle für die Tryptophanbildung notwendigen Enzyme gleichzeitig bereitstehen: gemeinsam marschieren – gemeinsam produzieren!

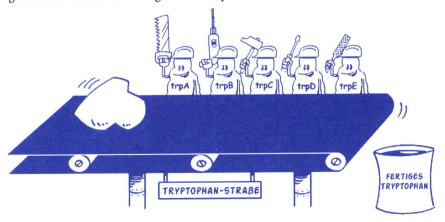

V | Kontrolle ist besser

Wenn der Wirt eines Darmbakteriums proteinhaltige Nahrung zu sich nimmt – davon ist im Normalfall auszugehen –, dann gelangen regelmäßig Eiweiße in die Darmregion. Dort werden sie in Bruchstücke und Aminosäuren zerlegt. Das ist natürlich eine günstige Situation für die Darmbakterien: Jetzt können fertige Aminosäuren, je nach Angebot, durch die Zellmembran aufgenommen und im bakteriellen Stoffwechsel verwendet werden. Wenn nun die Aminosäure Tryptophan aufgenommen werden kann, braucht sie nicht mehr aufwändig vom Bakterium synthetisiert zu werden! Zwei Regulationszustände können vorliegen: 1. Tryptophan fehlt in der Zelle – Synthesegene werden abgelesen. 2. Tryptophan ist in der Zelle ausreichend vorhanden – keine Ablesung der Tryptophangene.

Was könnte der RNA-Polymerase mitteilen, dass sie den Fünferpack an Tryptophan bildenden Enzymen nicht mehr abzulesen braucht? Eine Möglichkeit wären die Tryptophane selbst. Die Anwesenheit vieler Tryptophanmoleküle in der Zelle könnte die Synthese verhindern, wenn zwischen der Anlagerungsstelle für die RNA-Polymerase (Promotor) und den Synthesegenen eine Andockstelle für Tryptophanmoleküle existieren würde. Immer wenn diese besetzt sein würde, käme die RNA-Polymerase nicht vorbei und könnte die folgenden Gene nicht ablesen. Tatsächlich weist die DNA ein kurzes Teilstück zwischen Promotor und dem ersten Strukturgen auf, welches **Operatorregion** (kurz: Operator) genannt wird. Allerdings lagert sich nicht das Tryptophanmolekül ein, sondern ein spezielles Protein, welches die Aufgabe der Regulation übernimmt, der Regulator. Es besitzt eine spezifische Erkennungsstelle für das Tryptophanmolekül, welches im **Regulator** wie ein Schloss in seinen Zylinder passt. Ist das passiert, verändert sich die Oberflächenstruktur im Regulatorprotein. Mit dieser Veränderung ist der Regulator in der Lage, sich auf den Tryptophan-Operator zu legen. Dieser zusammengefügte Komplex aus Operatorregion, Regulatorprotein und einem Tryptophanmolekül blockiert die Ablesung der folgenden Strukturgene.

Regulation und Hormone | V

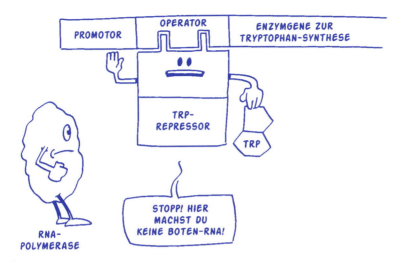

Der Regulator wird deshalb hier auch als TRP-**Repressor** bezeichnet, die Art der Regulation als negativ. Die **Enzymrepression** erfolgt aber nur so lange, bis alle Tryptophanmoleküle in der Bakterienzelle verbraucht sind und kein Nachschub aus der Darmregion erfolgt. Dann verbleibt auch das Tryptophanmolekül nicht mehr beim Repressor und löst sich von ihm ab. Dadurch verliert das Regulatorprotein seine ursprüngliche Form und den Halt zum Operator. Der Weg wird wieder frei für die RNA-Polymerase und für die Ablesung der Gene zur Bildung von Tryptophan.

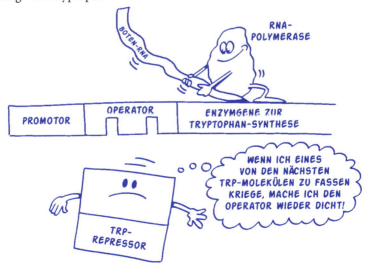

V | Kontrolle ist besser

Das Molekül, das die Funktionsfähigkeit (Aktivität) des Regulatorproteins bewirkt, heißt allgemein **Effektor** – hier ist es das Tryptophan. Die Regulationseinheit aus Strukturgenen, Operator, Promotor und Regulatorprotein wird **Operon** genannt.

Die Enzymrepression ist nicht nur sinnvoll, wenn Stoffwechselprodukte wie Aminosäuren von außen zufließen. Eine Tryptophansynthesestraße beispielsweise ist auch dann überflüssig, wenn Bakterienzellen im Ruhezustand sind und kaum Bedarf für Tryptophan-Moleküle besteht. Enzymrepression finden wir bei Bakterienzellen häufig für aufbauende Stoffwechselwege und dieser Regulationstyp heißt **Endprodukthemmung**.

Abbauende Stoffwechselwege sind (etwas) anders reguliert. Ein Darmbakterium im Menschen kann aus der Nahrung Milchzucker (Laktose, Lactose) verwerten. Hierfür gibt es ein Operon mit drei Strukturgenen. Diese Strukturgene umfassen ein Enzym zur Spaltung des Disaccharids Laktose in die Einzelzucker Glukose und Galaktose, ein spezielles Laktose-Transportprotein, das in der Bakterienmembran für die vermehrte Einschleusung der Laktosemoleküle verantwortlich ist, und ein drittes Enzym (für eine Entgiftungsreaktion). Das klingt nach viel Aufwand, zumal pro Bakterienzelle 60000 Moleküle des Spaltungsenzyms anzutreffen sind, wenn Laktose zum Abbau vorliegt. Klar, dass es energetisch unsinnig ist, diese Maschinerie in Gang zu setzen, wenn der Wirt des Darmbakteriums nicht auf Milch steht und nie Laktose konsumiert. Da sogar Milchgenießer nicht andauernd Milch trinken, ist es aus der Sicht des Bakteriums sinnvoll, den Normalzustand so zu definieren, dass die Strukturgene für den Laktoseabbau unterdrückt sind. Diese Repression wird durch einen Laktose-Repressor erreicht. In diesem Fall ist das ein Regulatorprotein, das sich in seiner unbeeinflussten Normalstruktur schon in der entsprechenden Operatorregion vor den Laktose abbauenden Genen befindet.

Regulation und Hormone | V

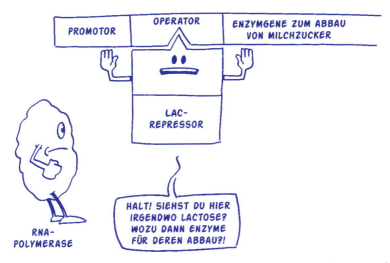

Wie kann jetzt dieses Lac-Operon aktiviert werden, wenn Laktose vorliegt? Laktose erlangt in der Zelle eine Form, in der sie – gemäß des Schlüssel-Schloss-Prinzips – an einer Stelle mit dem Lac-Repressor interagiert. Der Lac-Repressor verändert seine Form, löst sich vom Operator ab und die Strukturgene zum Laktoseabbau werden frei. Die Laktose führt ihren Abbau gleichsam selbst herbei.

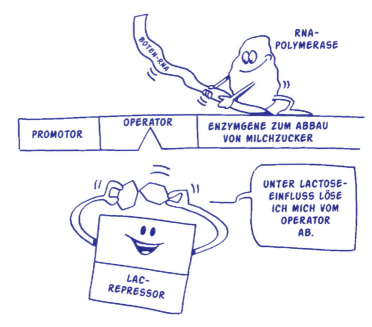

V | Kontrolle ist besser

Diese Form der Regulation (Beispiel: Laktoseabbau), bei der der Effektor den Repressor inaktiviert und das Operon aktiviert, wird als **Enzyminduktion** bezeichnet. Zur Erinnerung: Bei der Enzymrepression aktiviert der Effektor den Repressor und das Operon wird inaktiv (Beispiel: Tryptophansynthese).

Bei Eukaryonten gibt es noch weitere Möglichkeiten zur molekularen Regulation. Die Ablesung chromosomaler Gene wird durch eine interessante Welt an Enhancern (Verstärkern) und Silencern (Unterdrückern) reguliert.

KAPITEL VI

TEILE DICH UND WERDE

Teile dich und werde

Entwicklungsbiologie

Die ungeschlechtliche Fortpflanzung

Viele Nachkommen zeugen – aber allein und ohne Hilfe eines Artgenossen? Ja, das geht! Das ist das Prinzip der **ungeschlechtlichen oder vegetativen Fortpflanzung**. Sie ist bei einzelligen Organismen, verschiedenen Pflanzen und niederen Tieren weit verbreitet. Die Nachkommen sind mit ihrem Erzeuger in der genetischen Zusammensetzung identisch und werden als Klone bezeichnet.

Ungeschlechtliche Fortpflanzung hat Vorteile: viel, einfach, schnell und weit. Es werden sehr viele Abkömmlinge gebildet – dies trifft gut der Begriff „Vermehrung", der synonym verwendet wird. Die ungeschlechtliche Fortpflanzung erfordert keine komplizierten Mechanismen und erfolgt rasch, insbesondere bei Einzellern. Und: Mitunter ist das Fortpflanzungsprodukt erst einmal nur eine kleinere, robuste Transportform, die über weite Distanzen verbreitet werden kann, z.B. Sporen von Pilzen. Zahlreiche Organismen, die ungeschlechtliche Fortpflanzung betreiben, beherrschen auch die sexuelle Fortpflanzung. Als „**Generationswechsel**" bezeichnen die Biologen das Wechseln in beiden Mechanismen. Beispiele hierfür sind die Moose und Farne bei den Pflanzen. Zu den Hohltieren gehören die im Meer schwimmenden Quallen. Diese bekannte Form ist die Geschlechtsgeneration, die sich mit der eher sesshafte Polypenform (ungeschlechtliche Generation) ablöst.

Verschiedene Mechanismen der ungeschlechtlichen Fortpflanzung können beobachtet werden:

Entwicklungsbiologie | VI

1. **Teilung** – aus eins wird zwei, aus zwei wird vier usw. Diese Art der Vermehrung entspricht einer mitotischen Teilung. Bakterien vermehren sich auf diese Weise. Anzutreffen ist sie auch bei vielen Hefen und anderen Pilzen sowie tierischen Einzellern wie Pantoffeltierchen (*Paramecium*) und pflanzlichen Einzellern wie Augentierchen (*Euglena*).

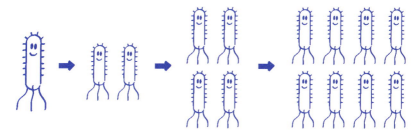

2. **Knospung.** Während bei der Teilung zwei gleichwertige Zellen entstehen, gibt es bei der Knospung (z.B. Bierhefe) eine Mutterzelle, von der ausgehend an verschiedenen Stellen kleinere Tochterzellen abgeschnürt werden können. Nach der Trennung wachsen diese zur normalen Größe heran. Auch bei niederen Tieren wie Süßwasserpolypen (*Hydra*) oder bei Schwämmen bewirkt Knospung das Herauswachsen von identischen Nachkommen aus dem Elterntier.

113

VI | Teile dich und werde

3. Fragmentierung. Fadenförmige Bakterien, Pilze und Algen können in kleine Abschnitte zerbrechen. Danach wachsen die Abschnitte wieder zu neuen Fäden heran. Bei Pflanzen können sich Sprossausläufer von der Hauptpflanze trennen und zu eigenen Individuen heranwachsen. Bei der Stecklingsvermehrung treiben Stängel Wurzeln aus, wenn sie eingepflanzt werden. Bei Tieren können Vertreter der Seeanemonen und der *Hydra* sich in Teile trennen. Was fehlt, wird regeneriert.

4. Sporenbildung. Diese Vermehrungsform kommt bei Pilzen und bei einigen Bakterienfamilien häufig vor. Es sind verschiedene Mechanismen beschrieben, die aber immer auf der Mitose basieren. Meist liegen in einem Zellverbund spezielle Sporenbildungszellen vor, aus denen viele widerstandsfähige Sporenzellen gebildet werden. Diese können weit verbreitet werden. Aus einer Spore keimt ein neues Individuum heran.

Die Sporen der Moose und Farne entstehen durch Meioseteilungen und gehören zur geschlechtlichen Fortpflanzung.

Entwicklungsbiologie | VI

5. **Parthenogenese** (Jungfernzeugung). Wenn eine unbefruchtete Eizelle zu einem lebensfähigen Organismus heranwächst, liegt eine Jungfernzeugung vor. Beispiel: Sind die Eizellen, die eine Bienenkönigin in eine Bienenwabe einlegt, befruchtet, entstehen daraus – abhängig vom Futter – diploide Arbeiterinnen oder Königinnen. Unbefruchtet abgelegt schlüpfen daraus männliche, haploide Drohnen. Diese Bienenmännchen mit ihrem einfachen Chromosomensatz müssen sich nicht am Tagwerk eines Bienenvolks beteiligen – das machen die Arbeiterinnen. Drohnen sind nicht aggressiv und ihr tieferer Lebenssinn scheint im Befruchten von Königinnen zu liegen.

Die geschlechtliche Fortpflanzung

Bei der Meiose werden Zellen geteilt und Chromosomensätze halbiert. Es entstehen Geschlechtszellen (Gameten), die üblicherweise auch Keimzellen genannt werden. Beim Menschen sind dies Eizellen bzw. Spermien. Je nachdem, ob eine Geschlechtszelle bei der Halbierung das ursprünglich väterliche oder mütterliche Chromosom enthält und welches Chromosom durch Crossing-over-Mechanismus wo und wie häufig durchmischt wurde – die Variationsmöglichkeiten sind immens: Jede Geschlechtszelle ist ein Unikat.

Damit ein neuer Organismus entstehen kann, verschmelzen bei der Befruchtung eine männliche und eine weibliche Keimzelle. Zwei haploide Unikate vereinigen sich zu einer diploiden Zygote, die wiederum einzigartig in der Zusammensetzung ihrer Allele und ihres Genoms überhaupt ist. Kein Mensch gleicht dem anderen. Selbst über die Epochen hinweg kann keiner von uns auf einen genetischen Doppelgänger verweisen – außer eineiigen Zwillingen.

115

Wer sich geschlechtlich fortpflanzt, hat offensichtliche Vorteile: Durch die Neuverteilung (**Rekombination**) von Allelen entstehen neue Genotypen. Und: Es können rasch neue Phänotypen entstehen. Die Bedeutung der Rekombination besteht darin, dass von den zwei Paarungspartnern verschiedene vorteilhafte Gene vereinigt werden können und Individuen das Tageslicht erblicken, die besonders gut an ihre Umwelt angepasst sind.

Geschlechtliche Fortpflanzung ist im Tier- und Pflanzenreich weit verbreitet. Die weiblichen Gameten sind im Allgemeinen unbeweglich und reich an Plasma, welches die Nährstoffe für die Weiterentwicklung enthält. Männliche Gameten haben gerade so viele Nährstoffe, um die Bewegung zu den Eizellen zu ermöglichen. Diese Spermien werden durch Botenstoffe zu einer Eizelle gelockt. Nach dem Eindringen in die Eizelle wird die Verschmelzung der Zellen durch die Verschmelzung der Kerne ergänzt – die eigentliche **Befruchtung** zur Zygote. Damit dies in Ruhe geschehen kann, wird kurzfristig eine Befruchtungsmembran um die Eizelle gebildet, die andere Spermien abweist.

Die Frucht wächst bei Säugetieren im weiblichen Körper heran. In der Natur ist das aber eher die Ausnahme. Beispielsweise legen wirbellose Tiere (wie Insekten) und Wirbeltiere (wie Reptilien bzw. Fische) oft zahlreiche Eier ab, die nährstoffreichen Dotter enthalten. Geschützt durch eine Schale, aber ansonsten auf sich allein gestellt entwickeln sich diese Eier außerhalb des Mutterleibs. Daraus schlüpft nicht immer gleich ein neuer Erzeuger, sondern manchmal erst eine Vorstufe. Die Gestaltwandlung beim Schmetterling vom Ei zur Raupe und über das Puppenstadium zum flugfähigen Falterstadium (Imago) wird als **Metamorphose** bezeichnet.

Wichtig für die geschlechtliche Fortpflanzung ist die Festlegung in den männlichen und weiblichen Part. Die Geschlechtszellen einiger Algen sehen identisch aus (Isogameten). Ihre Unterschiedlichkeit wird mit Plus und Minus bezeichnet.

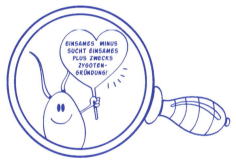

Im Gegensatz zu dieser **genetischen Geschlechtsbestimmung** entscheiden in der **modifikatorischen (phänotypischen) Geschlechtsbestimmung** Umwelteinflüsse darüber, welches Geschlecht ein Individuum annimmt.

VI Teile dich und werde

Bei einigen Schnecken und auch bei Regenwürmern existieren zweigeschlechtliche Organismen (**Zwittrigkeit**).

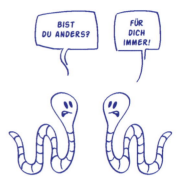

Die geschlechtliche Fortpflanzung erhöht die Variation an Genotypen. Natürlich sind darunter auch neue Phänotypen, die besser an Umweltbedingungen angepasst sein können. Vom doppelten Geninventar der Körperzellen profitiert die Evolution: Mit einem Gensatz werden die Grundfunktionen garantiert. Mit dem anderen Gensatz kann Neues entwickelt werden. Das Duplikat ist die experimentelle Spielwiese der Evolution.

Pflanzen, insbesondere Blütenpflanzen und Gräser, kommen in mehr als zwei Chromosomensätzen vor (**Polyploidie**). Polyploidie entsteht oft infolge natürlicher Kreuzung zwischen verschiedenen Arten.

Embryonalentwicklung beim Mensch und Tier

Mit der Befruchtung beginnt die Embryonalentwicklung. Sie umfasst die Veränderung von der Zygote zu einem vielzelligen Organismus. Diese Individualentwicklung wird als **Ontogenese** („Werden des Seins") bezeichnet. Beim Menschen und Tieren erfolgt sie in drei Stufen: Furchung, Gastrulation und Organogenese mit Gewebedifferenzierung.

1. Furchung bezeichnet die ersten mitotischen Teilungen, bei der die Gesamtgröße der Zygote nicht größer wird. Das kann nur funktionieren, wenn die geteilten Zellen immer kleiner werden (**Blastomere**). Teilungen sind also eher Einschnürungen, die im Zellplasma der Zygote entlang der Befruchtungsmembran als Furchungen verlaufen. Die Zygote teilt sich, bis eine kugelige Struktur entsteht, die als **Morula** (Maulbeerkeim) bezeichnet wird. Beim Menschen hat sich diese als 16 Zellen-Stadium nach ca. drei Tagen ab Befruchtung gebildet. Diese entwickelt sich bei 128 Zellen weiter zur **Blastula** (Bläschenkeim). Kleine Zellen umgeben einen Hohlraum, der flüssig ist und **Blastocoel** heißt.
Der Dotteranteil der Zygote variiert bei verschiedenen Tierarten.

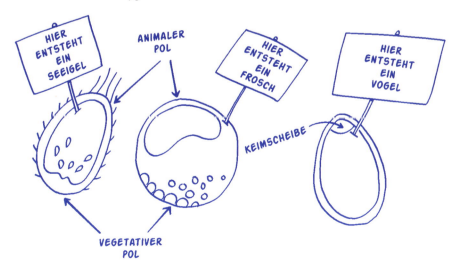

VI | Teile dich und werde

1. Seeigel waren Anfang des 20. Jahrhunderts beliebte Forschungsobjekte: Sie haben dotterarme Zygoten. Durch äquale Furchungen (genau in der Mitte) entstehen gleich große Blastomere. Die Blastula sieht sehr symmetrisch aus.

2. Im Gegensatz zum Menschen sind in den Zygoten von Amphibien und anderen Tieren viele Proteine sowie andere Zellbestandteile nicht symmetrisch und gleich verteilt. Diese „Unwucht" hat schon einen ersten Einfluss auf das Setzen der ersten Furchen. Dotterreiche Zygoten durchlaufen eine total inäquale Furchung mit der Bildung von kleinen und großen Blastomeren. Die Seite mit mehr Dotter wird als vegetativer Pol bezeichnet, an dem Zellteilungen langsamer ablaufen. Eine schnellere Teilung erfolgt gegenüber am animalen Pol. Hier bildet sich später auch der Kopfteil des Embryos.

3. Vogeleier enthalten sehr viel Dotter, was eine discoidale Furchung bewirkt. Hier liegt der Zellkern auf einer Kappe am Rand der Eizelle. Durch Furchung entsteht die Keimscheibe.

Beim Menschen wird die Eizelle im oberen Teil des Eileiters befruchtet. Hier beginnen die ersten Furchungen. Der Keim wandert in sechs Tagen zur Gebärmutter, wo er sich als Blastocyste bestehend aus zwei Zelllagen einnistet. Deren äußere Zellschicht (Trophoblast) wird zum fetalen Teil der Plazenta, der Versorgungstrakt zum mütterlichen Organismus. Der eigentliche Embryo entsteht aus der inneren Zellschicht (Embryoblast).

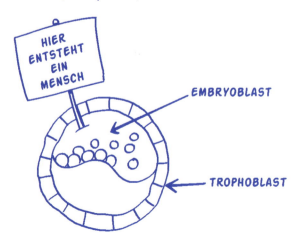

2. Gastrulation (Bildung eines „Becherkeims"). Man nehme einen aufgeblasenen Plastikball und lasse ordentlich Luft heraus. An einer Stelle wird sich der Ball nach innen ziehen. Entsprechende Vorgänge lassen sich an der runden Blastula beobachten, wenn sich bei der Gastrulation die zelluläre Hohlkugel an einer Stelle (**Urmund**) nach innen stülpt und aus der Blastula eine **Gastrula** wird. Diese Einstülpung wurde zuerst beim Seeigel beobachtet. Die äußere Zellschicht der Gastrula, die außen verbleibt, heißt **Ektoderm** (Oberhaut) und ist eines von drei sogenannten Keimblättern. Der kraterförmige Bereich zwischen innen und außen wird als dorsale (Rücken) **Urmundlippe** bezeichnet. Der eingestülpte Teil wird zum röhrenförmigen Urdarm. Die Zellschichten, die am Eingang des Urdarms liegen, gehören zum Keimblatt **Mesoderm** (Mittelhaut), die Zellen am Boden des Urdarms zum Keimblatt **Entoderm** (Innenhaut).

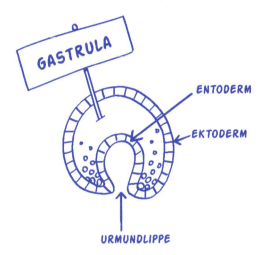

Der Weg, auf dem die Keimblätter entstehen, ist bei unterschiedlichen Tiergruppen unterschiedlich. Neben der Einstülpung gibt es Prozesse des Einwanderns von Zellschichten (Nesseltiere) oder des Umwachsens (Amphibien).

Beim Menschen läuft es wie bei vielen Säugern noch einmal anders ab: Hier bildet der Embryoblast eine zweiblättrige Keimscheibe, die aus Ektoderm und Entoderm besteht. Oberhalb des Ektoderms entsteht die Amnionhöhle. Unterhalb des Entoderms liegt der Dottersack. Das Mesoderm entsteht am Anfang der dritten Schwangerschaftswoche, wenn es sich vom Ektoderm abtrennt.

VI | Teile dich und werde

3. Organogenese. Die Keimblätter sind die Ursprünge für spätere Organe. Aus dem Ektoderm entwickeln sich äußere Organe und Strukturen wie die Oberhaut, Drüsen oder Nägel. Bei Wirbeltieren bilden sich in der **Neurulation** das komplexe Nervensystem und Sinneszellen. Hierfür stülpt sich das Ektoderm rückwärts (dorsal) ein und schnürt sich als Neuralplatte ab. Diese wölbt sich an den Rändern zu einer Neuralrinne. Die Neuralrinne schließt sich rund ab und wird zum Neuralrohr. Daraus kann sich das zentrale Nervensystem entwickeln.

Das Mesoderm bildet die **Chorda**. Das ist ein embryonales Stützgewebe, aus dem bei Wirbeltieren die Bandscheiben werden. An der Chorda findet man zu zwei Seiten die **Somiten** (Ursegmente). Sie sind verantwortlich für die Bildung von knöchernen Wirbelkörpern. Außerdem spalten sich vom Mesoderm Seitenplatten ab. Daraus entsteht das **Coelom**, aus dem wiederum die Leibeshöhle wird.

Teil der Organogenese ist die Gewebedifferenzierung, bei der die verschiedenen Organismen ihre charakteristischen Gestalten annehmen.

Beim Menschen erfolgt die Organbildung in der eigentlichen Embryonalphase zwischen der dritten und achten Schwangerschaftswoche. Wie bei den meisten Tieren entwickeln sich aus dem Ektoderm des Menschen die Haut sowie die Nerven- und Sinneszellen. Das Entoderm übernimmt die Bildung von Magen, Darm und Atmungsorganen. Beim Menschen ist das Mesoderm verantwortlich für die Bildung von Muskulatur, Knochen, Bindegewebe, Herz, Nieren und Keimdrüsen.

Die Embryonalphase geht beim Menschen im dritten Schwangerschaftsmonat in die Fetalphase über. Die Gestalt ist eindeutig menschlich. Bis zum neunten Monat vergrößern Zellteilungen den Fötus.

Was wird eigentlich aus dem Urmund der Gastrula? Einfache Wirbellose wie die Gliederfüßler machen daraus die Mundöffnung. Man nennt sie auch Urmundtiere. Wir Menschen gehören zu den Neumundtieren: Bei uns hat sich der Urmund zum After entwickelt. Der Mund muss am entgegengesetzten Ende des Embryos neu gebildet werden.

Entwicklungsbiologie | VI

Was steuert die Entwicklung?

Eine einzellige Zygote wird zu einem vielzelligen ausdifferenzierten Organismus. Der Weg dorthin führt über verschiedene Entwicklungsstadien, bei denen Zellen je nach Lage im werdenden Organismus unterschiedliche Aufgaben in der Weiterentwicklung zufallen. Was entscheidet darüber, welche Gene im Genom in einer jeweiligen Zelle aktiviert werden? Was dirigiert die Genexpression in der Ontogenese?

Nach den ersten Teilungen der Zygote sind beim Menschen und bei (anderen) Säugetieren die entstehenden Zellen noch nicht differenziert. Diese Tatsache ermöglicht die Bildung von eineiigen Zwillingen – die durch ihr identisches Genom einen Klon ergeben. Auf dieser Tatsache basiert aber auch die heiß diskutierte Klonierung embryonaler Stammzellen – ethisch umstritten und geregelt im Embryonenschutzgesetz, da es hier um Embryozellen des Menschen geht! Vorteil: Diese können sich unbegrenzt teilen und sie sind noch in der Lage, alle der über 200 verschiedenen humanen Zelltypen zu entwickeln. Medizinisch geht es um die Züchtung von individuellem Ersatzgewebe für Patienten, die an Alzheimer

123

oder Parkinson erkrankt sind. **Totipotente** („fähig zu allem") Zellen finden sich im Embryo nur bis zum 8 Zellen-Stadium. Danach beginnen Differenzierungen, d.h., die Zellen sind schon für weitere Entwicklungsschritte vorgeprägt. Sie können noch vieles (sie sind **pluripotent**), aber nicht mehr alles.

Der deutsche Zoologe Hans Spemann untersuchte 1920 in Experimenten an Amphibien, was passiert, wenn man Zellen oberhalb der Urmundlippe entnimmt und sie in derselben Blastula an der gegenüberliegenden Seite der Zellkugel wieder eingliedert. Es entstand ein zweiter Urmund und er beobachtete später auch die Entwicklung eines zweiten Embryos. Daraus schlussfolgerte Spemann: Zellen können in einem sich entwickelnden Zellverband die umliegenden Zellen in deren Entwicklung beeinflussen. Dieser Einfluss wird als **Induktion** bezeichnet. Der beeinflussende Zellverband wird als **Organisator** bezeichnet. Wenn ein Entwicklungsschritt einen weiteren zur Folge hat, spricht man von einer Induktionskette. Hochgradig differenzierte Organe, wie z.B. das Auge, entwickeln sich über **Induktionsketten**.

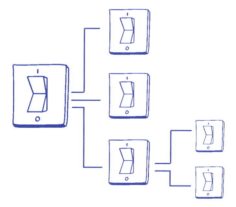

Molekulare Botenstoffe (**Transkriptionsfaktoren**) übernehmen die Aufgabe, in benachbarten Zellen spezifische Genexpressionen zu beeinflussen. Als Effektoren schalten sie **Entwicklungskontrollgene** an oder ab. Große Bedeutung in der Steuerung der molekulargenetischen Entwicklungsprozesse kommt bei Eukaryonten einem 180 Basen langen Nukleinsäureabschnitt zu, der als **Homöobox** bezeichnet wird. Sie ist bei Tieren fast identisch und existiert in verwandter Form auch in Pflanzen und einzelligen Eukaryonten (z.B. Bierhefe).

Molekularbiologische Forschungen, in denen experimentell Veränderungen in den Bereichen der Entwicklungskontrollgene herbeigeführt wurden, hatten bei der Fruchtfliege *Drosophila* zur Folge, dass auf dem Kopf statt Antennen weitere Beine ausgebildet wurden.

Diese weite Verbreitung von Homöobox-Strukturen in verschiedenartigsten Organismen weist darauf hin, dass sie eine elementare Bedeutung für das Leben besitzen. Sie sind wohl früh in der Evolution entstanden – vermutlich schon gleich in der Form, wie sie heute etabliert sind. Sie haben sich nicht mehr gravierend verändert: Mutationen in diesem Bereich hätten wohl zu starke Änderungen in überlebenswichtigen Funktionen zur Folge gehabt. Mutanten im Bereich der Homöobox-Region sind in der Regel nicht überlebensfähig.

KAPITEL VII

ANGRIFF UND VERTEIDIGUNG

Angriff und Verteidigung
Immunbiologie

Vielzellig organisierte Lebewesen wie Pflanzen und Tiere können als immense Konzentration an organischen Substanzen wahrgenommen werden. Alle Grundsubstanzen des Lebens liegen vor: Eiweiße mit 20 Aminosäuren, Nukleinsäuren, Zucker und Fette. Kein Wunder, dass von diesem reichhaltig gedeckten Tisch so mancher Parasit naschen möchte. Wir als höhere Vielzeller können es uns zu keiner Zeit erlauben, dass Einzeller – wie beispielsweise Bakterien, Pilze oder Protozoen – an uns oder sogar in uns ihre parasitischen Lebensweisen entwickeln. Sie können sich viel schneller als unsere eigenen Zellen teilen und würden uns im Blut oder in irgendeinem Gewebe schon in ein oder zwei Tagen überwuchern.

NAME: *MYCOBACTERIUM TUBERCULOSIS* (BAKTERIUM)
KRANKHEIT: SCHWINDSUCHT (TUBERKULOSE)
OPFER: 2 MILLIONEN TODESFÄLLE PRO JAHR WELTWEIT

NAME: HUMANES IMMUN-DEFIZIENZ-SYNDROM (VIRUS)
KRANKHEIT: ERWORBENES (AQUIRED) IMMUN-DEFIZIENZ SYNDROM
OPFER: CA. 25 MILLIONEN TODESFÄLLE IN DEN LETZTEN 25 JAHRE

NAME: *PLASMODIUM FALCIPARUM* (DER GEFÄHRLICHSTE VON
4 VERWANDTEN EINZELLIGEN PARASITEN)
KRANKHEIT: MALARIA
OPFER: ÜBER EINE MILLION MENSCHEN STERBEN PRO
JAHR AN MALARIA

NAME: *SCHISTOSOMA* (FLUSSBEWOHNENDER EGEL;
KEIN MIKROORGANISMUS, SONDERN MEHRZELLIGER EUKARYONT)
KRANKHEIT: BILHARZIOSE (BETRIFFT VIELE ORGANE Z.B. LEBER)
OPFER: 200 MILLIONEN SIND WELTWEIT INFIZIERT (TROPEN)

Immunbiologie | VII

Wirbeltiere – und somit auch wir Menschen – verfügen über besonders ausgeklü-
gelte Abwehrbarrieren, die sie gegen Krankheiterreger (pathogene Organismen
= Infektionserreger) unempfindlich (**immun**) machen. Es liegt dabei selbstver-
ständlich nahe, Krankheitserreger und Fremdstoffe, wie z.b. Bakterien- oder
Pilzgifte, grundsätzlich daran zu hindern, sich auf unserem Körper anzusiedeln.
Insbesondere müssen Mikroorganismen am Eindringen gehindert werden. Zum
Glück besitzen wir verschiedene Hürden, mit denen wir das meiste, was von
außen lauert, in Schach halten können, selbst wenn Krankheitserreger in den
Körper eingedrungen sind. Diese **angeborene Immunabwehr** ist unspezifisch,
richtet sich aber gegen eine ganze Palette verschiedenartiger Krankheitsrreger
und Fremdstoffe in unserer Umgebung. Sie kennzeichnen unsere grundsätzliche
Resistenz (Widerstandsfähigkeit).

Über welche unspezifischen Abwehrmechanismen verfügen wir?

Unsere Haut ist gewöhnlich trocken und leicht sauer und bildet eine (für
Mikroorganismen) massive physische Barriere. Die meisten Krankheitserreger
aber benötigen viel Feuchtigkeit und sind einen neutralen pH-Wert gewöhnt.
Unter normalen Umständen ist unsere Haut von einer für uns harmlosen
Gemeinschaft an Mikroben (Mikroorganismen) besiedelt, die mit uns in
Eintracht lebt. Diese Siedler bilden eine Konkurrenz für pathogene Mikroben
(„Infektionskeime" = mikrobielle Krankheitserreger) und verhindern deren
Ansiedlung.

Feucht – und damit gefährdet – sind unsere Schleimhäute. Ein Beispiel: Ein
ständiger Fluss an Speichel und Nasensekret befördert in Mund und Nase einge-
drungene Mikroben und Fremdstoffe wieder an die Luft. Sollte doch mal etwas
Richtung Lunge eindringen, so unterstutzen dort zusatzlich Flimmerhaare den
Rausschmiss.

Weinen ist gesund? Ja: Mit Tränenflüssigkeit werden unsere Augen sauber
gewaschen. Zum Glück reicht schon die normale Grundbefeuchtung durch den
Wimpernschlag. Zudem enthält diese Flüssigkeit auch ein Bakterien zersetzendes
Enzym (Lysozym).

129

VII | Angriff und Verteidigung

Was über die Speiseröhre in den Magen gelangt, wird dort mit verdünnter Salzsäure bei pH 2 verdaut.

Unsere Körperflüssigkeiten werden steril (frei von Mikroben) produziert. Harn, wie wir ihn aus der Blase entlassen, ist steril und spült auf dem Weg ins Freie fremde Bakterien weg.

Sollte ein Stachel unsere Haut ritzen und somit Mikroorganismen unter die Haut ins Blutsystem einbringen, stehen dort **Makrophagen** (Fresszellen) bereit. Deren Job besteht darin, fremde Partikel, wie Bakterien, Pilze oder Viren zu umschließen, zu phagozytieren und dann aufzulösen.

Zum wichtigsten Immunmechanismus zählt die Fähigkeit, Körperfremdes zu erkennen. Hierfür werden bei einer erstmaligen Infektionserkrankung spezifische Abwehrstoffe genau gegen diesen Krankheitserreger gebildet (**Primärantwort**). Wir werden gegen diesen Erreger immun. Diese **erworbene Immunabwehr** ermöglicht eine direkte Abwehr, sollte dieser Mikroorganismus oder dieses Virus noch ein weiteres Mal mit uns in Kontakt kommen. Die Abwehrstoffe nennt man **Antikörper**, die von spezialisierten Zellen unseres Körpers gebildet werden. Die Fremdstoffe, die eine spezifische Antikörperbildung gegen sich hervorrufen, heißen **Antigene**.

Immunbiologie | VII

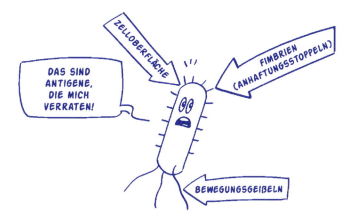

Ein Antikörper passt genau zu seinem Antigen wie jeder Schlüssel zu seinem Schloss. Ein Infektionserreger ist übersäht mit verschiedenen molekularen Oberflächenstrukturen, die ihn für unser Immunsystem als fremd erscheinen lassen. Solche Antigene werden so benannt, weil sie die Entstehung, also die „Genese", von Antikörpern verursachen.

Bitte diese Antigene nicht mit Genen der Genetik verwechseln!

Überall können Fremdstoffe in unseren Körper eindringen. Deshalb müssen unsere Abwehrzellen und molekulare Abwehrstoffe in allen Körperbereichen aktiv werden können. Es gibt zwei Flüssigkeitssysteme, die weit verästelt sind und in denen das Immunsystem aktiv werden kann: das System der Blutbahnen und das System des Lymphkreislaufs. Die farblose Lymphflüssigkeit entspricht dem Blut ohne rote Blutkörperchen.

Das Lymphsystem besitzt zwei Hauptzentren, die wichtig für das gesamte Abwehrsystem sind. Eines dieser primären Lymphorgane ist der Thymus, der unterhalb vom Hals hinter dem Brustbein liegt. Das andere wichtige Organ ist das rote Knochenmark.

Die an verschiedenen Stellen im Körper postierten Lymphknoten zählen zu den sekundären Lymphorganen. Hier werden Fremdkörper gefiltert und von Abwehrzellen bekämpft, was wir merken, wenn sie anschwellen. Die Milz ist ein weiterer Ort der Bildung von Lymphozyten, ebenso wie die **Mandeln** – so weit noch nicht der Gebührenabrechnung eines Hals-Nasen-Ohrenarztes zum Opfer gefallen.

Wie verläuft die Immunreaktion, wenn ein Fremdkörper eindringt?

1. Phase: Die Erkennungsphase

Fresszellen können ihre Zellformen verändern, was ihnen auch aktive Kriechbewegungen ermöglicht. Wenn diese Makrophagen eine fremde Zelle oder ein Viruspartikel erkannt, phagozytiert und zerlegt haben, können sie die fremden Moleküle (die Antigene!) an ihrer Zelloberfläche wie Steckbriefe ausstellen.

Leukozyten sind die sogenannten weißen Blutkörperchen, wobei weiße Blutzellen eine treffendere Bezeichnung wäre, da es sich um Körperzellen handelt. Die Leukozyten sind die wichtigsten Zellen der Immunabwehr. Zu ihnen gehören neben den schon erwähnten Makrophagen die Lymphozyten. Letztere machen ein Viertel der Leukozyten aus.

Die B-Lymphozyten werden in den Stammzellen des Knochenmarks (im Englischen Bone-marrow) gebildet. Die T-Lymphozyten werden im Thymus zu verschiedenen Sorten herangebildet. Von den B- und T-Lymphozyten gibt es mehr unterschiedliche Sorten in einem menschlichen Körper als Menschen auf der Erde! Das ist wichtig, denn groß ist auch die Vielfalt an fremden und gefährlichen Antigenen.

Viele Lymphozyten schauen sich die Steckbriefe genau an. Nur ganz wenige B- und T-Lymphozyten verfügen über einen spezifischen Antikörper, der zu einem der ausgestellten Antigene passt.

Ist dies der Fall, folgt ...

2. Phase: Die Differenzierungsphase

Makrophagen haben zwar schon etwas zur Abwehr getan und einige Erreger eliminiert. Aber wie viele weitere Fremdkörper dieser Sorte tummeln sich noch in unserem Inneren?! Die B-Lymphozyten, bei denen der Steckbrief passt, sollen Antikörper gegen die fremden Antigene bilden. Diese Antikörper sollen helfen, die Antigene zu binden und damit die Antigenträger – also die eingedrungenen mikrobiellen bzw. viralen Erreger – zu entfernen.

Die wenigen Lymphozyten mit passenden Steckbriefen sind erst die Pioniere, von deren Sorte unser Immunsystem bei einer frischen Infektion oft sehr viele benötigt. Zum Glück sind Lymphozyten Zellen – Zellen, die sich rasch teilen können. B-Lymphozyten vermehren sich nun stark und verwandeln sich dabei in **Plasmazellen**. Das sind Produktionszellen, in denen Antikörper gegen ein jeweils passendes Antigen des Steckbriefs in Massenproduktion hergestellt werden. Die Antikörper werden in die Lymph- und Blutflüssigkeit ausgeschüttet.

VII | Angriff und Verteidigung

In diesen Flüssigkeiten verteilen sie sich rasch und werden zur Immunabwehr benötigt (**humorale Immunantwort**).

Aber nicht nur bestimmte B-Lymphozyten haben ein passendes Antigen. Es gibt auch die Sorte der T-Lymphozyten, die einen passenden Steckbrief auf das Antigen besitzen. Ist ihr Steckbrief gefragt, teilen auch sie sich. T-Lymphozyten sind in der Lage, sich in verschiedene Formen zu differenzieren. So können sie beispielsweise zu **T-Helferzellen** werden und Botensubstanzen (**Interleukine**) aussenden. Die Interleukine stimulieren weitere, passende B-Lymphozyten für die gemeinsame Immunabwehr.

Eine weitere Form der T-Lymphozyten sind sogenannte **T-Killerzellen**, die direkt fremde Zellen oder Viren über die Antigen-Antikörper-Bindung erkennen und diese zerstören (**zelluläre Immunantwort**).

Immunbiologie | VII

Eine der Krankheitsursachen bei AIDS (Aquired Immunodeficiency Syndrom) besteht darin, dass HIV (Humanes Immundefizienz-Virus) insbesondere die Zahl der T-Helferzellen bis auf null reduzieren kann. Die Konsequenz ist, dass der Patient nicht mehr über ein wirkungsvolles Immunsystem verfügt. Jeder zusätzliche Krankheitserreger kann nun zur Lebensgefahr werden.

Sowohl B- als auch T-Lymphozyten entwickeln langlebige **Gedächtniszellen**, mit denen unsere Immunabwehr immer auf der Hut ist (**Immungedächtnis**). Der Körper will sich nicht so schnell noch einmal von einem ihm nun bekannten Erreger bedrohen lassen und schützt sich. Ist doch praktisch, wenn über Jahre hinweg immer eine kleine Menge an spezifischen Antikörpern im Kreislauf zirkuliert.

Das lässt sich für viele menschliche Infektionskrankheiten beobachten: Nach einer erneuten, späteren Infektion verläuft die zweite Immunreaktion (**Sekundärantwort**) schneller und manchmal unterschwellig, das heißt ohne

VII | Angriff und Verteidigung

eigentliches Krankheitsempfinden. Das ist der Grund, warum Menschen (gewöhnlich) nur einmal an Röteln- oder Masernviren erkranken. Da dies früh im Leben geschieht und geschehen sollte, bezeichnen wir die entsprechenden Leiden als Kinderkrankheiten.

3. Phase: Die Wirkungsphase

Jetzt kommen wir endlich dazu, die schon erwähnte, bedeutungsvolle Aufgabe der Antikörper zu beleuchten: Überall dort, wo die Antikörper auf Fremdkörper mit passenden Antigenen stoßen, kommt es zu Antikörper-Antigen-Bindungen. Hierbei sind unterschiedliche Strukturbildungen beschrieben:

Agglutination: Wenn Bakterien mit Antikörpern interagieren, entstehen verklumpte Komplexe. Das sieht so aus, wie viele tote Fliegen, die nebeneinander in einem Spinnennetz hängen.

Neutralisation: Kleinere Fremdkörper wie Viren können gleichzeitig von vielen Antikörpern umhüllt werden. Sie werden unwirksam (neutralisiert). Sie sind dann kaum noch sichtbar: ähnlich einem Popstar, der von seinen Fans umringt wird.

Präzipitation: Große Moleküle, z.B. toxische (giftige) Eiweiße werden mit Hilfe von Antikörpern gebunden. Es bilden sich unlösliche Komplexe, die als Präzipitate bezeichnet werden.

All diese komplexen Unordnungen werden von unseren Fresszellen nicht geduldet. Sie phagozytieren diese Verklumpungen und Komplexe. Im Innern der Fresszellen wird diese Speise enzymatisch verdaut und zu harmlosen, aber wertvollen Makromolekülen zerlegt.

Sicherlich sind die Antikörper unsere wichtigste Waffe in der Abwehr von Fremdkörpern. Das Immunsystem enthält darüber hinaus jedoch noch weitere Komponenten, die zum Gesamterfolg des Immunsystems beitragen:

VII | Angriff und Verteidigung

4. Phase: Die Abschaltphase

Ist der letzte Eindringling eliminiert, kann das Immunsystem heruntergefahren werden. Eine weitere T-Zellsorte, die T-Suppressorzellen, „unterdrückt" die Antikörperbildung.

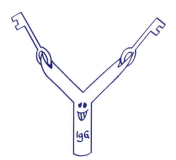

Wie schon mehrmals erwähnt: Spezifische Antikörper sind die Wunderwaffen gegen die verschiedenen Fremdeindringlinge. Zwei Strukturen sind bei den Antikörpern auffällig. Die am häufigsten auftretende Antikörperstruktur ist das aus Eiweißketten bestehende Y-förmige Immunglobulin IgG.

Die Stelle, wo der Antikörper mit seinem passenden Antigen spezifisch (Schlüssel-Schloss-Reaktion) reagiert, wird Epitop genannt. Beim IgG gibt es zwei Antigenbindungsstellen. Ein IgG-Antikörper kann über seine zwei Epitope mit zwei Antigenen reagieren. Liegen diese Antigene auf zwei verschiedenen Fremdkörpern, kann ein IgG-Molekül diese zwei Fremdkörper zusammenkitten. Es gibt außer dem IgG weitere Immunglobulinklassen, die auch zwei Reaktionsstellen besitzen.

Bei einer frühen Erkrankung wäre ein Antikörper denkbar effektiver, der statt zwei noch mehr Reaktionsstellen besitzen würde. Dies würde die Wahrscheinlichkeit einer Verklumpung erhöhen. Tatsächlich gibt es in den ersten Tagen der

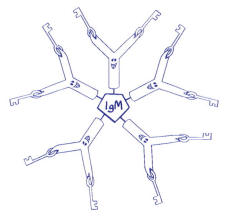

Immunreaktion, noch bevor die IgG-Antikörper gebildet werden, diese hochreaktive Klasse an Immunglobulinen der IgM-Klasse. Diese haben pro Antikörper zehn Reaktionsstellen.

Wie lässt sich Immunität erwerben? Wie vermitteln wir unserem Körper den Besitz von spezifischen Antikörpern – gewünscht als Schutz gegen Bakterien, Viren oder Gifte? Müssen wir erst auf eine Masernparty gehen und dabei die Krankheit der Masernviren mit allen Risiken selbst durchmachen? Nein: Uns stehen zwei elegantere Möglichkeiten zur Verfügung:

1. Passive Immunisierung
Bei einer Infektion mit einem gefährlichen Krankheitserreger, z.B. dem Tollwut-Virus, oder wenn eine Schlange Gift durch einen Biss in unsere Blutbahn injiziert hat, dürfen wir nicht so lange warten, bis unsere eigene Antikörperproduktion angelaufen ist. Das Risiko zu sterben ist zu hoch. Ärzte können zum Glück in solchen Fällen dem Patienten ein Serum injizieren, in dem passende Antikörper schon in ausreichender Konzentration vorliegen. Dieses Serum wird aus Tieren gewonnen. Ein Nachteil der passiven Immunisierung besteht darin, dass der Immunschutz nach einigen Wochen verschwindet, da die Antikörper nicht von Dauer sind.

VII Angriff und Verteidigung

Da die Antikörper aus Tieren kleine Abweichungen von unseren humanen Antikörpern aufweisen, kann es sein, dass unser Immunsystem nach einiger Zeit gegen diese als fremd erkannten tierischen Immunglobuline selbst Antikörper bildet. Dies kann bei einer späteren Behandlung zu Komplikationen mit schockartigen Zuständen führen.

Langanhaltender als die passive ist die

2. Aktive Immunisierung

Bei der aktiven Immunisierung werden keine Antikörper gegeben, sondern der Körper wird durch Antigengabe zur eigenen Antikörperproduktion angeregt. Nun kann man einem Menschen natürlich keine echten Krankheitserreger spritzen (Impfen). Es genügt, wenn die Antigene so weit intakt sind, dass sie zwar keine Krankheit mehr verursachen können, aber noch eine wirksame Oberfläche haben, die zur Antikörperbildung ausreicht. Der Erreger selbst kann im abgetöteten Zustand vorliegen oder man verwendet eine harmlose Variante, deren Oberfläche wie die einer gefährlichen Variante aussieht. Bei Hepatitis-Viren (führen zu einer Gelbsucht) können mit Hilfe der Gentechnologie harmlose, aber oberflächenechte Hüllen produziert werden, die als Impfmaterial verwendet werden.

Wie bei einer Erstinfektion mit echten Viren baut das Immunsystem ein Gedächtnis auf, welches Jahrzehnte oder sogar ein langes Leben erhalten bleiben kann.

Immunbiologie | VII

Zuletzt noch eine Frage: Wie gelangen eigentlich Immunzellen an Orte in unserem Körper, an denen die Blutbahnen recht eng sind?

Hier läutet die Stunde der **Mastzellen**. Diese Zellen aus der Kategorie der Lymphozyten kriechen im Bindegewebe umher. Sie können Histamine ausschütten. Dieses aus Aminosäuren umgebildete Hormon erweitert die Blutgefäße, was zur gewünschten besseren Durchblutung führt. Das ist gut, auch wenn wir ein ungutes Gefühl haben, wenn an dieser Stelle die Haut sich erwärmt und rötet.

In einigen Fällen sind die Rötung und weitere Reaktionen, die wir als **Allergie** bezeichnen, unerwünscht. Dann setzen Mastzellen Histamine im Übermaß aus. Das Signal hierfür erhalten sie von Plasmazellen, die ihrerseits durch bestimmte Substanzen (Allergene wie bestimmte Blütenpollen oder Nahrungsmittel) dazu veranlasst werden. In diesem Fall kommt es zu einer Überreaktion des Immunsystems auf Stoffe, die eigentlich für uns harmlos sind.

KAPITEL VIII

REINE NERVENSACHE

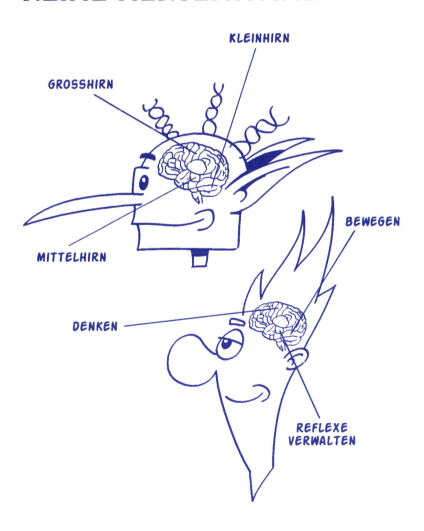

Reine Nervensache
Neurobiologie

Wir wollen uns auf drei wichtige Fragen konzentrieren:

1. Mit welchen Organen können wir Sinneseindrücke empfangen?
2. Wie erfolgt die Weiterleitung von Reizen?
3. Was passiert mit Reizinformationen?

Der Reihe nach:

Mit welchen Organen können wir Sinneseindrücke empfangen?
Die folgende Sammlung enthält fünf Organe, mit denen Signale von außen empfangen werden. Diese Empfindungen werden als Reize zum Gehirn transportiert und uns als Wahrnehmungen bewusst.

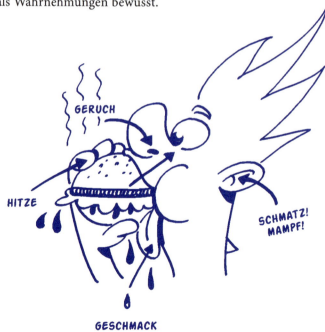

Mit dem Auge nehmen wir Licht in Intensität und Farbe wahr. Zwei Augen ermöglichen räumliches Erkennen von Strukturen und Veränderungen.

Mit dem Ohr erkennen wir Tonhöhe, Lautstärke und Richtung der Schallquelle. Hier liegt auch der Gleichgewichtssinn. Positionsänderungen des Kopfs werden vom Lagesinn wahrgenommen.

Die Geruchsempfindung der Nase und das Geschmacksempfinden der Zunge gehören zu den chemischen Sinnen.

Die Sinne der Haut ermöglichen die Wahrnehmung von Druck, Temperatur und – aber nicht nur hier – Schmerz.

Stellvertretend für all diese Sinnesorgane betrachten wir ein Beispiel näher: Was passiert eigentlich, wenn wir mit den Ohren etwas hören?

Über die Ohrmuschel werden zunächst im Bereich des Außenohrs Schallwellen eingesammelt. Diese Luftschwingungen gelangen über den Gehörgang zum Trommelfell und bringen es ihrerseits zum Schwingen.

Die Knöchelchen Hammer, Amboss und Steigbügel befinden sich in der Paukenhöhle – wir sind nun im Bereich des Mittelohrs – und übertragen die Bewegung auf eine Membran, das ovale Fenster. Dabei wird durch Hebelwirkungen das Signal etwa 20-fach verstärkt.

VIII | Reine Nervensache

Hinter dem Fenster liegt die **Cochlea** (Schnecke) mit dem Innenohr. Ihre schneckenartigen Windungen sind mit Ohrlymphe ausgefüllt. Durch die Bewegung am ovalen Fenster wird diese Flüssigkeit in Bewegung gesetzt.

Je nachdem, wie die Bewegung ausfällt, werden die Härchen im Schneckengang unterschiedlich gereizt. Sie liegen auf den Hörsinneszellen und geben Erregungen an Nervenzellen weiter. Diese Nervenzellen haben – und das ist nicht unüblich – lange Leitungen. Sie vereinigen sich zum Hörnerv und reichen bis zum Gehirn. Solche Bündel von Nervenzellen in unserem Körper heißen umgangssprachlich Nerven – gemeint sind dabei Nervenstränge. Im Gegensatz zu anderen Zellen ist dieser Zelltyp dadurch charakterisiert, dass er verhältnismäßig (sehr) lang sein kann – bei Tieren bis zu einige Meter.

Eine Nervenzelle, die einen Schmerz von der Fußsohle bis zur Wirbelsäule weitergibt, lässt sich mit folgendem Vergleich veranschaulichen: Der eigentliche Zellkörper wäre so groß wie eine Birne. Von dieser Birne gingen Fortsätze aus, die wie das Geäst eines mittelgroßen Birnbaums aussehen. Die Birne selbst stünde auf einem Stil, der einen Zentimeter dick wäre und tief in die Erde hineingespießt wäre, und zwar bis etwa einen Kilometer unter die Erdoberfläche.

Wie erfolgt die Weiterleitung von Reizen?

Nervenzellen (**Neuronen**) übernehmen die Aufgabe der Reizübertragung. Widmen wir uns kurz der Struktur einer typischen Nervenzelle: **Dendriten** sind feine Verzweigungen an einem Ende der Nervenzelle. Davon können viele Hundert existieren. Hier treffen Reize von Sinneszellen oder anderen Nervenzellen ein. Diese Reize sollen von der Nervenzelle gesammelt und weitertransportiert werden.

Im eigentlichen Zellkörper (**Soma**) befinden sich die bekannten Zellstrukturen – also beispielsweise Mitochondrien, Endoplasmatisches Retikulum und natürlich ein echter Zellkern. Der Zellkörper verjüngt sich in einen Bereich, der als Axonhügel bezeichnet wird.

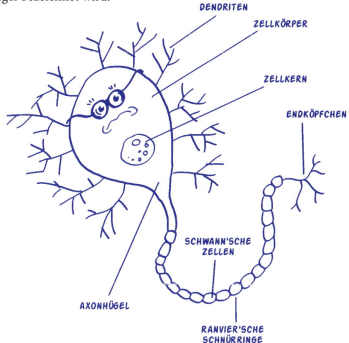

Dieser geht über in den **Axon**, die Verlängerung der Zelle in einen langen Faden. Der Axon ist entweder nackt oder außen mit Strukturen umhüllt, die den Eindruck vermitteln, als würde die Nervenzelle in einem Stapel von Autoreifen stehen. Die Strukturen werden als **SCHWANNsche Zellen** bezeichnet. Diese gehö-

VIII | Reine Nervensache

ren zu den Gliazellen (gr. Glia = Leim) und sind durch lipid- und proteinreiche Myelinhüllen in mehreren Schichten charakterisiert. Die SCHWANNschen Zellen zusammengenommen ergeben die **Markscheide**. Die einzelnen Einschnürungen in der Markscheide werden als **RANVIERsche Schnürringe** bezeichnet.

Am Axonende mündet der Axon in einzelne Verästelungen, die **Endköpfchen**. Von hier sollen die durch den Axon geleiteten Reizsignale an andere Nervenzellen oder an Muskel- bzw. Drüsenzellen weitergegeben werden. Diese Verbindungsstellen heißen **Synapsen**.

Die Hauptaufgabe der Nervenzelle besteht in der Weiterleitung von Signalen. Reizsignale werden aber nicht innerhalb der Zelle transportiert, sondern außen an der Zellmembran. Dabei übernehmen Ionen, oder besser ihre aktuelle Verteilung innerhalb und außerhalb der Membran, die entscheidende Aufgabe der Weitergabe von Reizsignalen. Um das besser verstehen zu können, hier zunächst der Querschnitt einer Membran – im Axonbereich, und zwar für den reizlosen Ruhezustand:

Entlang der Membran existiert bezüglich der Ionen ein ausgeglichenes Verhältnis zwischen außen und innen, das sogenannte Ruhepotenzial.

Außen befinden sich viele Natriumionen (Na^+) und Cloridionen (Cl^-). Das sieht recht ausgeglichen aus und auch innen halten sich offensichtlich negative und positive Ladungen die Waage: Innerhalb der Nervenzelle befinden sich viele Kaliumionen (K^+) zusammen mit negativen Ladungen (Anionen), die von negativ geladenen Aminosäuren aus Zellproteinen stammen.

Die positiven Ionen können durch die Membran mittels spezifischer Transportröhren umsortiert werden. Ein Natrium-Carrier kann das Einströmen von Na^+-Ionen von außen nach innen ermöglichen. Umgekehrt kann ein Kalium-Carrier den Weg für Kaliumionen nach außen frei machen. Während des Ruhezustands sind diese Poren jedoch verschlossen. Allerdings: Die Carrier sind nicht ganz dicht. Kaliumionen sickern dabei hundertmal besser durch ihren Carrier als die Natriumionen durch den ihrigen. Die negativ geladenen Anionen der Zellproteine haben keine Chance, den K^+-Ionen zu folgen. Das

148

Neurobiologie VIII

ist der Grund, warum Zellbiologen mit Mikroelektroden im Ruhezustand ein Membranpotenzial von –70 mV messen.

Über eine **Natrium-Kalium-Pumpe** werden je nach Bedarf überzählige Natriumionen wieder nach außen gepumpt, wobei immer gleichzeitig Kaliumionen nach innen gelangen. Dabei muss chemisch gebundene Energie aus ATP-Molekülen investiert werden. Dieses ändert allerdings nichts an der negativen Spannung im Ruhepotenzial. Ihren wichtigen Auftritt hat die Pumpe bei den Abläufen der Weiterleitung von Nervenreizen.

Ein Nervenimpuls wird am Axonhügel ausgelöst, was davon abhängt, welche Reize die Nervenzelle über ihre Dendriten erhalten hat. Der Impuls bewirkt, dass sich die Natriumporen in einem engen Bereich der Axonmembran öffnen. Was an dieser Stelle passiert, betrachten wir etwas näher.

Viele Natriumionen folgen der Diffusionskraft und strömen nun in diesem Bereich in das Zellinnere. Ihre Ladungen machen das Zellinnere positiver. Bei dieser **Depolarisierung** ändert sich die Membranspannung von –70mV auf über 20 mV. Innerhalb von einer Millisekunde wird dieses sogenannte **Aktionspotenzial** aber schon wieder beendet. Die Natriumporen schließen sich, nachdem etwa 7000 Natriumionen pro Porenkanal hindurchgeströmt sind.

Nun werden die Kaliumporen geöffnet und positive Kaliumionen verlassen die Zelle nach außen. Dadurch wird die Ladung innen wieder neutral und schließlich leicht negativ (**Repolarisation**). In einer Phase der **Hyperpolarisation** liegt die Ladung für etwa 2 Millisekunden sogar noch etwas unter –70 mV. Die Natrium-Kalium-Pumpen arbeiten blitzschnell. Nach etwa 4 Millisekunden der **Refraktärzeit** (Zeit vom Beginn des Aktionspotenzials bis zur Wiederherstellung des Ruhepotenzials) ist an dieser Stelle der Membran das Ruhepotenzial wiederhergestellt. Allerdings durchläuft gleich im Anschluss der Nachbarbereich auf dem Axon ein Aktionspotential, danach dessen Nachbarbereich usw.: Der Nervenreiz gelangt so auf dem Axon Richtung Synapse. Ein wandernder Reiz entlang der Nervenoberfläche bedeutet also nichts anderes als eine kurzzeitige Unordnung im Ionengleichgewicht des Ruhezustands.

149

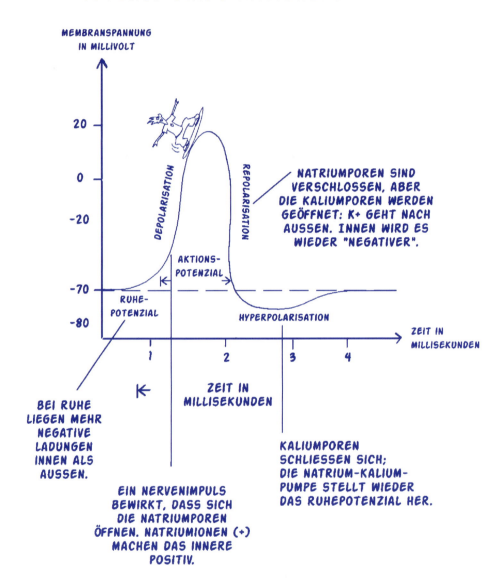

Bei nackten Axonen des Menschen gleitet der Reiz kontinuierlich mit 3 bis 12 Meter pro Sekunde. Es geht aber auch schneller: mit über 150 Meter pro Sekunde bei markhaltigen Axonen. Dann wandern die Aktionspotenziale nicht mehr gleichmäßig, sondern sie springen von Schnürring zu Schnürring. Das nennt man **saltatorische Erregungsleitung**.

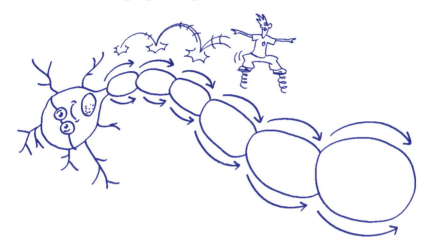

Wir richten nun unsere Aufmerksamkeit auf einen Mechanismus, mit dem der Reiz an die nächste Nervenzellen weitergegeben wird. Das Axon endet im Endköpfchen der Nervenzelle. Hier gibt es viele Vesikel, die mit **Neurotransmittern** gefüllt sind. Neurotransmitter sind Substanzen wie Acetylcholin bzw. Noradrenalin oder Dopamin, die eher im ZNS (Zentrales Nervensystem) wirksam werden. Erreicht ein Aktionspotenzial das Ende des Axons, lässt dieser Reiz Vesikel im Bereich des Endköpfchens wandern. Sie erreichen die **präsynaptische Membran**. Hier schütten die Vesikel ihre Neurotransmitter aus der Zelle in den Bereich aus, der zwischen zwei Nervenzellen liegt und als **Synaptischer Spalt** bezeichnet wird. Dieser Raum ist nur etwa 20 nm breit.

Die Transmitter überqueren den Spalt und erreichen einen Dendriten der benachbarten Nervenzelle. Ihre Oberfläche ist die **postsynaptische Membran**, in der Rezeptoren sensibel auf das Erscheinen von Neurotransmittern reagieren. Diese Rezeptoren öffnen Natrium-Carrier und andere Ionen-Carrier, so dass ein Signal Richtung Zellkörper gelangen kann.

VIII | Reine Nervensache

Natürlich schließen sich die Poren rasch wieder, während Enzyme die Neurotransmitter spalten. Die Spaltprodukte wandern zur ersten Nervenzelle zurück und gelangen dort zurück in die Endköpfchen, wo sie von Vesikeln aufgenommen werden. Hier werden sie zu kompletten Neurotransmittern regeneriert – bereit für eine erneute chemische Reizübertragung.

Eine einzelne synaptische Erregung führt allerdings noch nicht notwendigerweise zu einem neuen Aktionspotenzial in der Empfängerzelle. Für eine Auslösung müssen entweder mehrere Signale kurz hintereinander auf die Zelle treffen oder eine Nervenzelle wird gleichzeitig an mehreren Synapsen angeregt. Neben den erregenden (**excitatorischen**) **Synapsen** gibt es übrigens auch hemmende (**inhibitorische**) **Synapsen**. Letztere können erregende Signale zur Unterdrückung bringen.

Die Vorgänge an der Synapse können auch durch Fremdsubstanzen zum Erliegen kommen. So wirken an der Synapse berüchtigte Gifte: Künstliche Nervenimpulse löst die Substanz LSD (Lysergsäure-diäthylamid) aus, eine psychoaktive Droge, die Rezeptoren im Gehirn beeinflusst. Echte Nervenimpulse können auch außer Gefecht gesetzt werden: Das passiert, wenn sich das indianische Pfeilgift Curare auf die Rezeptoren der postsynaptischen Membran setzt und die echten Transmitter am Zugang hindert.

152

Neurotransmitter wirken nicht nur als Kommunikatoren zu anderen Neuronen. Wir können mit ihrer Hilfe auch über unsere Nerven Muskelbewegungen steuern. Wenn kein Neurotransmitter mehr ausgeschieden werden kann, kommt an den Muskelzellen kein Signal zur Kontraktion mehr an: Die Muskelfasern verbleiben in einer schlaffen Lähmung.

Das Botulinumprotein ist eines der wirksamsten Gifte der Natur: Mit einem Milligramm (mg) ließen sich – so sagen schlaue Lehrbücher – mehr als eine Millionen Meerschweinchen töten. Es stammt von dem Bodenbakterium *Clostridium botulinum*. Botulinumtoxin wirkt, indem es den Austritt des Neurotransmitters an der präsynaptischen Membran verhindert.

VIII | Reine Nervensache

Was passiert mit Reizinformationen?

Nerven finden wir nur in Tieren (ach ja, auch in Menschen). Je höher der Organismus entwickelt ist, umso komplexer sieht auch das Nervensystem aus.

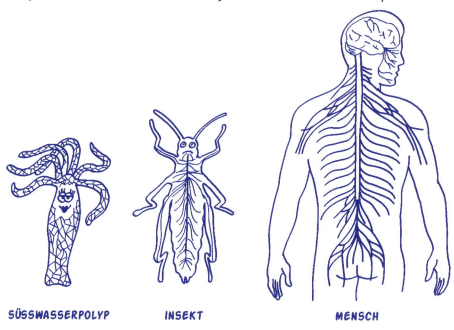

SÜSSWASSERPOLYP   **INSEKT**   **MENSCH**

Rückenmark und Gehirn bilden das Zentralnervensystem, abgekürzt ZNS. Hier treffen die Reize aus den Sinnesorganen über die sensorischen (afferenten) Nervenbahnen ein. Von hier steuert das ZNS Muskeln mit Hilfe der motorischen (efferenten) Nervenbahnen. Diese zu- und ableitenden Bahnen bilden das periphere Nervensystem.

Als das animale Nervensystem wird das System bezeichnet, mit dessen Hilfe bewusst Reize erfasst und verarbeitet werden. Viele Reize werden aber unbewusst (autonom) registriert und über das vegetative Nervensystem verarbeitet. So werden innere Organe und somit Blutdruck, Herzschlag oder die Verdauung kontrolliert.

Das vegetative System besteht aus zwei Komponenten, die gegeneinander (antagonistisch) wirken: Der **Sympathikus**, der für körperliche Aktivitäten steht, und der **Parasympathikus**, der eher für Ruhe und Erhaltung sorgt.

KAPITEL IX

GANG, SUMM, BLUBB

Gang, Summ, Blubb
Verhaltensbiologie

Frösche, Fische und Fledermäuse, Wespen, Würmer und Weichschnecken, ach ja und wir Menschen tun es! Blumen, Bakterien und Bäume tun es nicht: sich aktiv verhalten. Obwohl: Einzellige Pantoffeltierchen und Darmbakterien, die Venusfliegenfallen und Mimosen zeigen Bewegungen. Blüten und auch Mikroorganismen können Duft- bzw. Kontaktstoffe aussenden. Aber das wahre Verhalten basiert auf Nervenzellen und deren Aktivitäten – und die gibt es nur bei Tieren. Und beim Menschen. Die Verhaltensbiologie (**Ethologie**) versucht, tierische Verhaltensweisen zu erklären, indem sie die dabei ablaufenden physiologischen Vorgänge untersucht (**proximate Ursachen**) oder den Überlebenswert hinterfragt (**ultimate Ursachen**). Humanethologen entwickeln gern Hypothesen über die biologischen Ursachen unseres Verhaltens, kommen aber schnell ins Gehege mit Vertretern psychologischer oder soziologischer Erklärungsansätze.

Verhaltensbiologie | IX

Tatsächlich verfügt die Ethologie über ein Methodenrepertoire, das sicherlich für Mäuse und Schleiereulen zu erwägen ist, sich jedoch nur bedingt eignet, wenn das Objekt *Homo sapiens* heißt.

Es gibt verschiedene, geeignete Methoden, das Verhalten bei Tieren zu erforschen. Natürliches Verhalten lässt sich am besten mit **Feldbeobachtungen** dokumentieren. Moderne Techniken, die GPS, computerunterstützte Mikrokameras oder Sender (Telemetrie) verwenden, erweitern unsere Kenntnisse über soziale Verhaltensweisen oder zum Vogelzug.

Laborexperimente können weitere Informationen liefern. Beispielsweise lässt sich im Labor austesten, wie verschiedene Faktoren wie beispielsweise Licht, Magnetismus oder Sternenbilder das Vogelzugverhalten beeinflussen.

Bei **Kaspar-Hauser-Experimenten** werden Tiere isoliert aufgezogen, um herauszufinden, welche Verhaltensmuster sich von selbst zeigen und damit angeboren sind.

159

IX | Gang, Summ, Blubb

Ethologen erforschen das Verhalten. Konrad Lorenz, Nikolaas Tinbergen und Karl von Frisch gelten als Begründer der Verhaltensforschung und wurden für ihre Arbeiten zur **klassischen Ethologie** mit dem Nobelpreis geehrt. Durch sie wurde das Verhalten messbar und vergleichbar. Bestimmte Verhaltensweisen gelten als angeboren.

Im Kontrast hierzu sind die Anhänger des **Behaviorismus** bemüht, das Verhalten als Reaktion auf Umweltreize zu deuten.

Verhaltensökologen untersuchen, inwieweit Tiere durch ihre Verhaltensweisen einen Überlebensvorteil erlangen.

Edward O. Wilson entdeckte über die Erforschung von Ameisenvölkern die Bedeutung sozialer Verhaltensweisen im Zusammenhang mit evolutiven Überlebensvorteilen. Wilson begründete und etablierte die **Soziobiologie** als biologische Teildisziplin.

Verhaltensbiologie | IX

Physiologische Grundlagen entscheiden darüber, welches Verhalten sich überhaupt beobachten lässt. Wirbeltiere sind dabei mit einer höheren Qualität ausgestattet als beispielsweise wirbellose Würmer oder Insekten. Das betrifft die Reize empfangenden Organe, die Reize übermittelnden Nervenzellen und die Informationsverarbeitung im Zentralen Nervensystem (ZNS) sowie die Speicherung im Gedächtnis.

Wenn Sinnesorgane gewisse Reize von außen aufnehmen, kann dies bei dem betroffenen Tier zu unmittelbaren, schnellen und stereotypen Reaktionen führen, die wir als **Reflexe** kennen. Unbedingte Reflexe sind angeboren und genetisch fixiert. Dagegen werden bedingte Reflexe bei lernfähigen Organismen erworben und verinnerlicht. Wenn auf einen Reiz eine gezielte Bewegungsreaktion ausgelöst wird, bezeichnen Biologen dieses Orientierungsverhalten gemäß des Auslösungsmechanismus als Phototaxis (bei Lichtreizen) oder Chemotaxis (bei Lockstoffgradienten wie Zucker) (**taxis** griechisch für Ordnen, Einrichten).

In der Anfangszeit der Ethologie wurde viel an vererbbaren und stereotypen Bewegungsabläufen geforscht, für die der Begriff **Instinkte** gepflegt wurde. Diese „inneren Antriebe" lassen sich gut im Zusammenhang mit dem Fortpflanzungsverhalten oder dem Beuteerwerb beschreiben. Letztlich bleibt aber noch unklar, was und wie viel am inneren Antrieb tatsächlich genetisch fixiert ist und was durch Umweltreize bewirkt oder quantitativ verändert wird. Einige Biologen sprechen heute nicht mehr von Instinkten, sondern bezeichnen vererbbare Verhaltensmuster als **Erbkoordinationen**.

Nicht alle Reize aus den Sinnesorganen führen gleich unmittelbar zu Reaktionen. Sind Reize zu schwach, werden sie von den Sinnesorganen nicht weitergegeben. Sie werden peripher gefiltert. Das Zentrale Nervensystem stellt einen zentralen Filter dar. Nur wenn ein Reiz passend ist, kommt es auch zu einer erbkoordinierten Verhaltensäußerung. Diese Reize, die bestimmte Verhaltensmuster (Endhandlung) auslösen, werden als **Schlüsselreize** bezeichnet. In Experimenten lassen sich die Reaktionen auch durch **Attrappen** mit passenden, künstlichen Auslösemerkmalen herbeiführen.

161

IX | Gang, Summ, Blubb

Die klassische Ethologie stellt den **angeborenen Auslösemechanismus (AAM)** in das Zentrum des Schüsselreizkonzepts, mit dem auch viele angeborene Verhaltensvorgänge bei der Brutpflege erklärt werden.

Es hängt von der Handlungsbereitschaft des Organismus ab, ob und wie heftig ein AAM ausfällt. Beeinflussung kommt von innen (Hormone, Motivation, individuelle Stimmung) oder von außen (Umweltbedingungen). Zudem gilt auch hier – alles zu seiner Zeit: Genau so, wie im Heranwachsen eines Tiers morphologische Organe erst heranreifen müssen, so findet auch bei den Verhaltensweisen, die mit der Benutzung dieser Organe zusammenhängen, eine Reifung statt.

Verhaltensbiologie | IX

Komplexe Handlungen lassen sich in einzelnen, aufeinanderfolgenden Einzelhandlungen beschreiben. Niko Tinbergen beschrieb wechselwirkende **Handlungsketten** beim Paarungsverhalten und Nestbau des Stichlings.

Manchmal fallen Verhaltensweisen auf, die darauf ausgerichtet scheinen, einen auslösenden Reiz für eine Erbkoordination zu finden. Dieses erwartungsvolle Verhalten bezeichnen Ethologen als **Appetenzverhalten**.

163

Tiere in sozialen Gruppen fechten oft ihre Rangordnung aus. Manchmal erscheinen zwei Kontrahenten von vornherein gleich stark. In solchen Konfliktsituationen ist etwas Verblüffendes zu beobachten: Ein offensichtlich harter Kampf, der möglicherweise nur stark geschwächte oder sogar getötete Verlierer zur Folge hätte, findet nicht statt! Stattdessen wird bei beiden ein ganz anderes Verhalten ausgelöst wie Körperpflege oder Nahrungsaufnahme.

Solche **Übersprungshandlungen** sind für das Vorankommen einer Gruppe wichtiger als endlose Revierkämpfe, in der sich Träger genetischer Fitness womöglich verschleißen.

Wir wissen noch wenig über das, was in den Genen (welche?) festgelegt ist. Wichtig ist, dass höhere Tiere äußerst lernfähig sind. Dazu zählen viele Säugetiere, die eine hohe **Lerndisposition** besitzen, d.h., sie sind bereit, neue Verhaltensweisen zu erwerben, was durch Neugierde und Ausprobieren gezeigt wird. Der Überlebensvorteil, angeborene Instinkthandlungen mit erlernten Handlungsweisen zu ergänzen, liegt auf der Hand (**Instinkt-Lern-Verschränkung**).

Lernfähige Organismen können untereinander erworbene Verhaltensweisen an Artgenossen weitergeben. Unterstützt wird dies bei besonders lernfähigen Organismen wie den Primaten durch die Fähigkeit der Nachahmung. Übrigens: Dies ist ein Beispiel für die Weitergabe biologischer Information außerhalb der Ebene der Nukleinsäuren!

Je nach Art gibt es Verhaltensweisen, die heranwachsende Tiere lernen müssen (**obligatorisches Lernen**). Ein Gänseküken läuft hinter dem her, was es als Erstes sieht (meist die Mutter oder ein Verhaltensforscher, der gerade dieses Phänomen der irreversiblen **Prägung** untersucht). Manche Verhaltensweisen sind nicht für das Überleben notwendig, können aber zu vorteilhaften Verhaltensmustern führen (**fakultatives Lernen**). Hierunter fällt auch die **klassische Konditionierung** von Reflexen, die der russische Physiologe Iwan P. Pawlow bei Hunden beschrieb, die das gleichzeitige Ertönen einer Glocke mit dem regelmäßigen Bereitstellen des Futternapfs assoziierten. Neben dem Geruch des Fraßes fördert auch der Glockenton automatisch den Speichelfluss nach einer derartigen Konditionierung.

Tierkinder lernen spielend. Dies nutzt die Dressur durch den Menschen aus, in der neue Verhaltensweisen (nicht nur Reflexe!) erworben werden (instrumentelle oder **operante Konditionierung**). Hierbei spielen – im Gegensatz zur klassischen Konditionierung – die Konsequenzen eine wesentliche Rolle, die auf die Reaktion folgen: Belohnung oder Bestrafung.

Reize, die in der natürlichen Umwelt eines Tieres bestimmte Reaktionen auslösen, können gerade in der Welt des Menschen wirkungslos werden. Diese **Habituisierung** gewöhnt beispielsweise Tauben an den Lärm und die hektischen Bewegungen in der Stadt und reduziert die Fluchtreaktionen.

KAPITEL X

ICH, WIR, ALLE

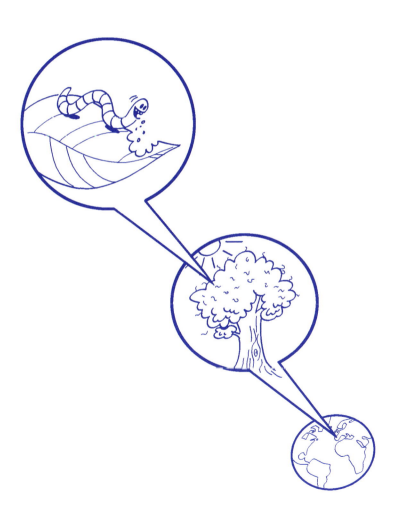

Ich, wir, alle
Ökologie

Der Jenaer Zoologe Ernst Haeckel führte 1866 den Begriff der Ökologie ein. Die **Ökologie** gilt als die Lehre vom Naturhaushalt (oikos, griechisch, das Haus). In der Ökologie wird untersucht, wie die Umwelt das Leben prägt und wie das Leben auf die Umwelt wirkt.

Wenn die Umwelt speziell aus der Sicht eines einzelnen Organismus betrachtet wird, dann ist dies eine typische Herangehensweise der Autökologie. Die **Autökologie** untersucht, mit welchen Mechanismen sich ein Lebewesen an seine individuellen Umgebungsbedingungen angepasst hat. Das sind zum einen **unbelebte (abiotische) Umweltfaktoren**. Dazu gehören Einflüsse wie Temperatur, Feuchtigkeit, chemisches Milieu oder Belichtung. Es gibt aber auch die Einflüsse durch **belebte (biotische) Umweltfaktoren**, für die gleiche oder andere Arten aus der Umgebung verantwortlich sind (wie Räuber-Beute-Beziehungen, Symbiose, Parasitismus oder Konkurrenz).

Ökologie | X

Wie Änderungen auf das Zusammenspiel von Umweltfaktoren und Populationen (Artgemeinschaften) mit verschiedenen Genzusammensetzungen wirken, untersucht die **Demökologie** (**Populationsökologie**, „Bevölkerungsökologie").

Wird ein ganzer Naturausschnitt mit all seinen Mitgliedern untersucht, so ist dies ein Fall für die **Synökologie**. Die Synökologie analysiert Stoff- und Energieströme innerhalb von Lebensgemeinschaften und versucht, dynamische Wechselbeziehungen offen zu legen.

Die Gemeinschaft der in einem Naturabschnitt vorkommenden Lebewesen wird als Biozönose bezeichnet. Der Lebensraum, den sich diese Gemeinschaft an Organismen teilt, heißt Biotop. Das Beziehungsgeflecht bestehend aus Biozönose und Biotop bildet das Ökosystem. Ein Ökosystem kann der Pansenmagen eines Wiederkäuers sein, ein Bachlauf in einem Gebirge, ein Wald oder ein Meer. Die Gemeinschaft aller Ökosysteme der Erde ergibt die Biosphäre.

Die abiotischen Umweltfaktoren

Temperatur

Die Temperatur hat sehr großen Einfluss auf die Entwicklung von Lebensformen. Bakterien und Pflanzen besitzen Überdauerungsformen (Sporen, Knollen), um tiefen Temperaturen bis −70 °C im Winter zu trotzen. Archaebakterien gelten als die ältesten Lebensformen, die keine echten Prokaryonten sind und auch nicht zu den Eukaryonten gehören und daher ihrem eigenen Reich, genannt Archaea, zugeordnet werden. Einige Vertreter leben auf Meeresböden am Rand von Vulkanen, wo Temperaturen von über 110 °C herrschen. Interessant ist, dass diese Organismen sich so auf diese hohen Temperaturen eingestellt haben, dass sie bei niedrigeren Temperaturen gar nicht mehr überleben können.

Ökologie | X

In der Natur ist eine stets gleichmäßige Temperatur eher die Ausnahme (z.B. in tiefen Boden- oder Wasserschichten oder in Höhlen). Jahreszeiten wie Winter und Sommer fordern mit Temperaturunterschieden von über 70 °C heraus. Im Wattenmeer heizen sich die Wattflächen in der Sonne auf und kühlen dann rasch durch das Eintreffen der Flut ab. Zwischen Tag und Nacht kann auch in den Tropen innerhalb von 24 Stunden die Quecksilbersäule des Thermometers um 30 °C variieren.

Verschiedene Organismen haben unterschiedliche Strategien entwickelt, um mit entsprechenden Veränderungen zurechtzukommen.

X | Ich, wir, alle

In der Zoologie (Tierkunde) unterscheidet man wechselwarme von gleichwarmen Tieren. **Wechselwarme (poikilotherme)** Tiere, zu denen die Wirbellosen und die meisten Wirbeltiere zählen, wechseln ihre Körpertemperatur mit dem Angebot an Wärmequellen aus der Umgebung. Goldfische im Teich sind während der warmen Sommerzeit am muntersten. Eidechsen tanken erst einmal Morgensonne, bevor sie ihre Flinkheit erlangen. Diesen Organismen bietet die Winterkälte so gut wie keine Möglichkeiten für Aktivitäten: Insekten überwintern in Eiform, als Raupen oder als Puppen bzw. verfallen – wie auch Amphibien und Reptilien – in Kältestarre oder verdrücken sich in geschützte Ecken. Fische sinken in tiefere Wasserschichten ab und verharren, wo es noch vergleichsweise am wärmsten ist.

Besonders wechselwarme Tiere sind von der **RGT-Regel** betroffen. Diese Regel beschreibt, dass bei Stoffwechselvorgängen die Reaktionsgeschwindigkeit (RG) temperaturabhängig (T) ist: Erhöht sich die Temperatur um 10 °C, so steigt die Geschwindigkeit, mit der Stoffe umgesetzt werden, um das Zwei- bis Dreifache.

Anders verhalten sich **gleichwarme (homoiotherme)** Tiere, zu denen Vögel und Säugetiere, und somit auch der Mensch, gehören. Herz und Lunge sind bei ihnen über ein eigenes separates Kreislaufsystem verbunden und sie können über ein Regulationszentrum im Gehirn ihre Körpertemperatur stets auf konstantem Niveau halten. So etwas kostet natürlich viel Energie. Das ist für einige Arten im Winter mangels Nahrungsangebot nicht zu schaffen. Dann senken beispielsweise Eichhörnchen ihre Körpertemperatur für längere Schlafperioden (Winterruhe) oder Igel halten einen tiefen Winterschlaf, bei dem die Körpertemperatur sogar auf die Umgebungstemperatur sinken kann.

Zwei Zoologen analysierten die Gestalt von verwandten Säugern oder Vögeln, die in verschiedenen Klimaregionen vorkommen. Die Wissenschaft hat ihnen das gedankt und zwei biologische Regeln nach diesen Entdeckern benannt:

Bergmannsche Regel: Gleichwarme Tiere sind in kalten Regionen größer als in wärmeren. Physikalischer Hintergrund: Ein großer Organismus hat im Gegensatz zu einem kleinerem Organismus ein kleineres Verhältnis von (aufzuheizendem) Körpervolumen zur (Wärme abstrahlenden) Körperoberfläche.

Allensche Regel: Tiere sehen relativ kompakt aus, wo es kalt ist. Wo es warm ist, bekommen die Lebensformen lange Ohren, Beine oder Schwänze. Klassische Lehrbuchbeispiele sind hierfür der struppig wirkende Polarfuchs im Vergleich zum langohrigen Wüstenfuchs.

Licht
Grüne Pflanzen und Photosynthese betreibende Mikroorganismen sind vom Licht abhängig.

X | Ich, wir, alle

Nicht nur Pflanzen drängen zum Licht. Helligkeit weckt die Lebensgeister der Tiere, die mit entsprechenden Rezeptoren ausgestattet sind. So richtet sich der Vogelgesang nach dem Beginn der Helligkeit und der Dauer der Tageslänge.

Wasser und stoffliche Beschaffenheit der Umwelt

Ohne Wasser gäbe es kein Leben. Zellen bestehen aus bis zu 98 Prozent Wasser. Komplexe Organismen, die trockene Knochen oder Haare einschließen, haben einen niedrigeren Wasseranteil. Ein einzelner Menschen besteht (durchschnittlich) zu etwa 60 Prozent aus Wasser.

Fehlt Wasser, dann können Pflanzen mit Samen und Bakterien mit Sporen Trockenperioden überdauern. **Xerophyten** (Kakteen und Hartlaubgewächse) sind Pflanzen mit Schutzmechanismen, die verhindern, dass sie allzu viel Wasser verdunsten. Dazu gehören Dornen statt Blätter und die Photosynthese wird in die Sprossachsen verlagert. Oder es sind die für den Gasaustausch verantwortlichen Spaltöffnungen eingesenkt. Einige Bäume vermögen es, tief zu wurzeln. Tannen tragen bekannterweise ja auch im Winter ihr grünes Kleid: Nadeln verdunsten dann weniger, als es Blätter täten – ein Schutzmechanismus der Nadelbäume gegen die frostige Jahreszeit.

Selbst bei Existenz von Wasser muss es noch lange nicht den Organismen zur Verfügung stehen. Wir verhindern beispielsweise das Wachstum von Mikroorganismen, indem wir Marmelade mit 20 Prozent Zuckergehalt herstellen. Zucker bindet Feuchtigkeit. Bakterien und Schimmelpilze können nicht wachsen, da sie dieses molekular gebundene Wasser nicht entreißen können.

Ein ähnliches Problem haben Schiffbrüchige auf hoher See, die umgeben von Salzwasser verdursten müssen. Mit dem Meerwasser aufgenommene Salze würden dem Körper sogar noch das letzte wenige Wasser entziehen.

Pflanzen sind stark von der Mineralienzusammensetzung des Bodens abhängig. Die Kenntnis hierüber ermöglicht Ertragssteigerungen in der Landwirtschaft durch Düngung mit zusätzlichen Phosphaten und Stickstoffen. Auch der Säuregrad hat großen Einfluss darauf, welche Pflanzen gedeihen und welche Mikroorganismen gut wachsen können.

Toleranzbereich

Autökologisch lassen sich für jeden Organismus bezüglich jeder abiotischen Bedingung Vorkommenshäufigkeiten oder Wachstumsraten festhalten. Ökologen bezeichnen den Bereich, in dem ein Organismus erfolgreich überleben kann, als **ökologische Potenz**. Die **Toleranzkurven** drücken aus, wo in diesem Bereich Vorlieben liegen, was als **Optimum** bezeichnet wird. Die ökologische Potenz resultiert aus den Fähigkeiten, die eine Art aus ihren Genen realisieren kann.

Das Darmbakterium **Escherichia coli** wächst beispielsweise am besten bei 37 – 39 °C – hier liegt sein Temperaturoptimum. Höhere Temperaturen verschmäht es schnell und bei 47 °C liegt das **Maximum**. Darüber stellt es seine Zellteilung ein. Temperaturen unter dem Optimum begegnet es gemäß der RGT-Regel: Es vermindert stetig seine Vermehrungsrate mit sinkender Temperatur, bis es sein **Minimum** bei 8 °C erreicht hat. Der Grenzbereich, in unserem Beispiel die Temperaturen 8 – 10 °C und 45 – 47 °C, wird als **Pessimum** bezeichnet.

Es gibt Arten, die wählerisch sind und nur in einem engen Bereich bezüglich eines abiotischen Umweltfaktors vorkommen können. Diese werden als stenöke Arten bezeichnet. So wachsen viele der von Pflanzenfreunden so verehrten Orchideen nur auf kalkreichen und nährstoffarmen Böden. Die allerdings sind rar in einer von Düngung und Überdüngung geprägten Landschaft – ein Grund, warum Orchideen auf der Roten Liste bedrohter Arten stehen.

Viele Bakterienarten und niedere Pflanzen überleben an Standorten mit einer großen Spanne des jeweiligen Faktors – egal, ob trocken oder nass, warm oder kalt, sauer oder basisch. Auch nährstoffarme Perioden werden erfolgreich ausgestanden. Arten, die einen großen Toleranzbereich besitzen, nennt man **euryöke Arten**.

Ökologie | X

Keine hohen Ansprüche zu stellen, ist eine vorteilhafte Voraussetzung für eine weite Verbreitung. Im Tierreich zählen hierzu oft Allesfresser wie die Ratte. Dieses Beispiel bietet eine Überleitung zu der Feststellung, dass Toleranzbereiche nicht nur durch abiotische Faktoren geprägt sind. In welchem Maße sich eine Art letztendlich entfalten kann, hängt auch von den sie umgebenden biotischen Faktoren ab. Denen wollen wir uns jetzt zuwenden.

Die biotischen Umweltfaktoren

Nahrung, die über andere Lebewesen bereitgestellt wird, zählt zu den wichtigsten biotischen Faktoren. Sie beeinflusst die Vermehrungsrate und Aktivitäten. Überall, wo biotische und abiotische Ressourcen begrenzt sind, herrscht Konkurrenz. Stehen Mitglieder einer Art im Wettbewerb, so spricht man von **innerartlicher (intraspezifischer) Konkurrenz**. Ein Lebensraum bietet nur für eine gewisse Anzahl von Individuen Überlebensmöglichkeiten. Das Angebot an Baumhöhlen mit Brutmöglichkeiten für Meisen oder Trauerschnäpper in einem Waldabschnitt wirkt genauso begrenzend wie die Zahl an Insekten, die ein Vogelpaar zur Aufzucht seiner Brut benötigt. Verhaltensmerkmale wie

Revierbildung und Gesang, aggressives Vertreiben von Konkurrenten oder Partnerbindung charakterisieren hier die innerartliche Konkurrenz.

Zwischenartliche (interspezifische) Konkurrenz liegt vor, wenn Vertreter unterschiedlicher Arten in Wettbewerb treten. Einige Mikroorganismen bilden Antibiotika, um andere Einzeller durch Mord daran zu hindern, ihnen die Nahrungsstoffe streitig zu machen.

Günstig für eine Art ist es, wenn die biotischen und abiotischen Ansprüche so gewählt sind, dass sie mit möglichst wenigen Vertretern anderer Arten in Wettbewerb treten. Das **Konkurrenzausschlussprinzip** postuliert sogar, dass auf Dauer nebeneinander keine zwei Arten überleben können, die identische Ansprüche besitzen. Jede Art besetzt in einer Biozönose eine **ökologische Nische**, wobei dieser Begriff weniger den Raum meint, in dem diese Art lebt. Der Begriff „Nische" charakterisiert in der Ökologie die Gesamtheit aller artspezifischen Umweltfaktoren. Die ökologische Nische wird auch mit dem „Beruf" verglichen, mit dem eine Art in der Lebensgemeinschaft wirkt: Pflanzenfresser oder Tierfresser, Höhlenbrüter oder Bodenbrüter, Schatten- oder Sonnenpflanze usw.

Ökologie | X

Denken wir an Beziehungen zwischen Arten, so kommt uns schnell das Schlagwort „Fressen und gefressen werden" in den Sinn, was als **Räuber-Beute-Beziehung** bezeichnet wird. Die Naturgeschichte hat im Laufe der Zeit interessante Formen des Angriffs und der Verteidigung in dieser Beziehung geschaffen. Ein Beispiel: Pflanzen wollen wachsen, blühen und nicht gefressen werden. Zum Schutz sind sie mit giftigen oder ungenießbaren Substanzen (Alkaloide) durchsetzt oder sie werden durch Stacheln oder Dornen geschützt.

Tarnung ist sowohl bei Pflanzen als auch bei Tieren eine bewährte Abwehrstrategie gegen das Gefressenwerden oder (aus der Sicht des Räubers) um besser an die Beute zu kommen. Schmetterlinge, die wie die Borke aussehen, auf der sie sitzen, betreiben **Mimese**, indem sie mit einer Tarntracht Teile ihrer Umgebung nachahmen.

X | Ich, wir, alle

Sprichwörtlich ist das Chamäleon, das sich variabel seiner Umgebung anpassen kann.

Wespen wollen nicht Vögeln zum Fraße dienen und wehren sich durch giftige und schmerzhafte Stiche. Gekoppelt mit einer auffälligen Warnfarbe, gebändert in schwarz-gelb, hat dies einen guten Abschreckungseffekt. Auf diesem Effekt – Ökologen nennen ihn **Mimikry** – surfen die Schwebfliegen, die sich auch eine schwarz-gelbe Warntracht zugelegt haben. Sie sind harmlos und stechen nicht – wir brauchen sie nicht mit dem Flip-Flop zu erschlagen.

Es gibt Räuber, die ihre Opfer nicht unmittelbar verspeisen, aber auf eine andere subtile Art traktieren: Parasiten oder Schmarotzer sind oft hoch spezialisiert und profitieren auf verschiedene Weisen von ihren Wirten. Läuse und Wanzen sind **Ektoparasiten** und belästigen den Wirt von außen. Bandwürmer und

Malariaerreger sind Beispiele für **Endoparasiten**, da sie sich im Inneren des Wirts einnisten. Der Malariaerreger ist ein Einzeller der Gattung *Plasmodium*, der über den Stich der tropischen *Anopheles*-Mücke übertragen wird. Die Malariakrankheit ist ein Beispiel dafür, dass Parasitismus auch zum Tod eines Wirtsorganismus führen kann.

Viele Organismen, insbesondere Wirbellose und Mikroorganismen, finden ihre ökologische Nische im Abbau von abgestorbenen Organismen. Als Destruent (von lat. destruere = zerstören) wird ein Organismus bezeichnet, der tote organische Substanzen abbaut und mineralisiert. Sind dies Bakterien oder Schimmelpilze, werden diese auch als **Saprophyten** oder Saprobionten bezeichnen.

Eine besondere Form des Parasitismus ist der **Brutparasitismus**. In unseren Breitengraden legt der Kuckuck seine Eier in die Nester anderer Vogelarten, die dann zu Zieheltern werden. Kuckuck junior ist ein Perfektionist: Er schmeißt ungestraft seine Nestkonkurrenten raus, reißt seinen Schnabel riesig weit auf und lockt besonders zum energischen Füttern durch eine intensive Rot-Gelb-Färbung des Schnabelinneren. Er fiept schließlich so erbärmlich, dass sogar Eltern anderer Vogelarten im Vorbeiflug innehalten und nicht anders können, als ihrem Fürsorgetrieb zu folgen und das Futter, das eigentlich für den eigenen Nachwuchs bestimmt war, dem artfremden Bettler in den Rachen zu stopfen.

Während beim Parasitismus als interspezifische Beziehung nur eine Art auf Kosten einer anderen profitiert, bringt das Zusammenleben in der **Symbiose (Mutualismus)** Vorteile für alle beteiligten artverschiedenen Organismen (Symbionten). Bei der Flechte ist die Lebensgemeinschaft so intensiv, dass lange Zeit nicht erkannt wurde, dass statt eines Organismus zwei zu Grunde liegen: Ein Pilz kümmert sich um die Versorgung mit Wasser und Mineralstoffen, während eine Alge durch Photosynthese Kohlenhydrate bildet.

Oft finden sich Fressgemeinschaften zusammen, bei denen ein Organismus vom anderen profitieren kann, ohne dass gleich eine Symbiose vorliegt. Beim **Kommensalismus** (lat. commensalis = Tischgenosse) nutzt eine Art die Endprodukte der Nahrungsverwertung einer anderen Art, ohne diese zu beeinflussen. Das kann in Form einer Nahrungskette erfolgen, in der nichtverwertete und ausgesonderte Stoffwechselprodukte einer Mikroorganismenart von einem anderen Mikroorganismus weiterverwertet werden.

Die Ökologie der Populationen

Am Anfang der Populationsökologie stand die Zählung. Alle Individuen einer Art in einem sinnvoll abgegrenzten Areal gehören zu einer Population. Je genauer die Erfassungsmethode ist, umso mehr Daten lassen sich über eine Population erheben: Männchen oder Weibchen, Jungtiere oder Alttiere, Brutkleid oder Schlichtkleid. Liegen Zahlen aus verschiedenen Zeiten vor, lassen sich diese in Grafiken veranschaulichen. Die Kurven geben Auskunft darüber, ob und in welchem Umfang sich Bestände verändern. Damit ergeben sich Fragen: Warum vermehren sich Arten nicht unbegrenzt? Welche Umweltfaktoren begrenzen das Wachstum? Warum kommt es zu saisonalen Schwankungen?

Ein Beispiel für einen Massenwechsel der Populationen ist in Ostafrika gut zu beobachten, wenn Säugetierherden den Regenfällen und damit dem Pflanzenwachstum hinterher wandern.

Einfach sind Bakterien in ihrem Wachstumsverhalten zu analysieren. Wenn eine Apfelsaftflasche nach dem Öffnen ohne Deckel stehen gelassen wird, gelangen rasch vermehrungsfähige Mikroorganismen aus der Luft in dieses nährstoffreiche Medium Apfelsaft. Fachleute der Mikrobiologie sprechen von einer Verkeimung. Zunächst dauert es noch einige Stunden, in denen die Bakterien oder Hefen sich auf die Bedingungen einstellen und die richtigen Enzyme für die Nährstoffverwertung aktivieren (**Anlaufphase**). Dann vermehren sich die Zellen, und zwar in einer hohen Rate (**Vermehrungsphase**). Das Wachstum der Population ist unlimitiert und logarithmisch (**exponentielles Wachstum**), solange genügend Nährstoffe zur Verfügung stehen und keine Stoffwechselausscheidungen der Mikroorganismen ungünstige Bedingungen (Änderung des pH-Werts oder zu viel CO_2) schaffen. Die Generationszeit für Bierhefe kann unter optimalen Bedingungen bei 20 Minuten liegen. Wenn ein relevanter Umweltfaktor (**Kapazitätsfaktor**) begrenzt wird, vermindert sich die Kapazität (**K-Wert**) eines Lebensraums für die entsprechende Art. Dann ist Wachstum nur noch in einer geringeren, limitierten Rate möglich. Entstehen nur noch so viele Mikroben neu, wie gleichzeitig absterben, bleibt die Zellzahl konstant (**stationäre Phase**). Wird die Absterberate höher als die Vermehrungsrate, gelangt die Population in die **Absterbephase**.

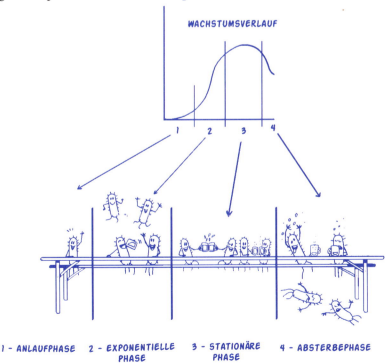

1 - ANLAUFPHASE   2 - EXPONENTIELLE PHASE   3 - STATIONÄRE PHASE   4 - ABSTERBEPHASE

X | Ich, wir, alle

Es lassen sich zwei Strategien der Vermehrungsweise erkennen, die mehr oder weniger von verschiedenen Arten verfolgt werden.

Bei **r-Strategen** ist die Rate r (r für Reproduktion; Raten werden gern mit kleinen Buchstaben abgekürzt) der Fortpflanzung sehr hoch. Diese wird beispielsweise von Fröschen verfolgt, die im Frühjahr in Tümpeln und anderen Gewässern eine Unmenge an Laich ablegen. Viele Nachkommen schlüpfen und verlassen nach ihrem Kaulquappen-Dasein in großer Zahl das Gewässer in alle Richtungen. Der Zuwachs ist hoch, die Verlustquote aber auch. Weitere Beispiele für r-Strategen sind Kaninchen, Fische und Blattläuse. Die r-Strategie erscheint vorteilhaft bei schwankenden Umweltbedingungen wie Steppen oder Savannen.

184

Ökologie | X

Bei **K-Strategen** haben sich die Vertreter möglichst exakt an ihre spezifischen Lebensbedingungen angepasst und sie leben nahe an der Kapazität (daher das K!) ihres Lebensraums. Säugetiere wie Wale oder Greifvögel gehören zu den K-Strategen. Sie investieren viel individuellen Aufwand in die Aufzucht ihres Nachwuchses. Dieser ist nicht reich an Individuen, dafür ist die Verlustrate niedriger. Die K-Strategie benötigt relativ ausgeglichene Lebensräume wie Meere oder tropische Wälder.

Der italienische Mathematiker Vito Volterra hat 1926 die Populationsdichten von Räubern und ihrer Beute untersucht und modelliert. Er stellte fest, dass die Populationsdichten von Beute und Räuber periodisch zu- und abnehmen. Dabei hinkt die Kurve des Räubers immer leicht hinter der Beutekurve her (**1. VOLTERRAsches Gesetz**). Ein klassisches Beispiel sind die Populationsschwankungen von Schneehase und Luchs. Von beiden Arten wurden seit Mitte des 19. Jahrhunderts über viele Jahrzehnte in Kanada Daten gesammelt. Bilanziert man die Populationsdichten über vollständige Perioden, so gelangt man zu Mittelwerten, die für beide Populationen jeweils gleich bleiben (**2. VOLTERRAsches Gesetz**).

Während neuere Quellen (meist angelsächsische Lehrbücher) diese Gleichgewichte als „Boom-and-Burst"-Zyklen bezeichnen, hat man früher auch von den sogenannten „Lotka-Volterra"-Regeln gesprochen, da zeitgleich (1925) entsprechende Oszillationen bei Räuber- und Beutepopulationen von dem österreichischen Physiker Alfred J. Lotka mathematisiert wurden.

Aus solchen Untersuchungen ließ sich ableiten, dass Populationen zueinander in einer sich gegenseitig regulierenden Beziehung stehen. Langfristig scheint sich das Verhältnis in einem stabilen Gleichgewicht zu befinden. Diese Erkenntnis förderte die (in der Ökologie nicht unumstrittene) Idee vom **biologischen Gleichgewicht**, in dem nicht nur Populationen zueinander stehen, sondern das für ganze Ökosysteme gelten soll.

185

Ökosysteme

Die Synökologie befasst sich wissenschaftlich mit den Ökosystemen. Im Folgenden einige wesentliche Herangehensweisen und Erkenntnisse:

1. Organismen stehen untereinander in Nahrungsketten in Beziehung, die in ihrer Gesamtheit kreislaufartigen Charakter besitzen.

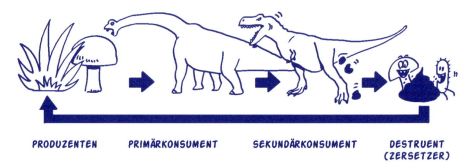

PRODUZENTEN PRIMÄRKONSUMENT SEKUNDÄRKONSUMENT DESTRUENT (ZERSETZER)

Viele dieser Wege und Kreisläufe verweben sich ineinander und es lassen sich dann komplexe Nahrungsnetze erkennen. Methodische Schwierigkeiten verhindern, dass der Einblick Vollständigkeit erlangt: In einem Ökosystem – das kann ein Kubikmeter Waldboden sein, ein Laub- oder Tropenwald, ein Tümpel oder eine Meeresbucht – ist es schon nicht möglich, alle Teilnehmer in ihrer Verschiedenartigkeit zu erfassen (wie viele Arten liegen vor?) und von daher erst recht nicht, wie viele Vertreter auf Produzenten-, Konsumenten- oder Destruentenseite existieren. Und wenn die Qualitäten unvollständig bleiben, wie sollen wir die Beziehungen in ihrer Gesamtheit vollständig darstellen können?

Dies ist auch ein Problem für den folgenden Ansatz:

2. Durch die Nahrungsketten werden chemische Stoffe assimiliert, umgesetzt, konzentriert und eingelagert. Die Synökologie kennt komplexe Kreislaufsysteme für Kohlenstoff, Stickstoff, Phosphor oder Wasser. Auch die Verteilung von Mineralien oder umweltschädlichen Substanzen wird gern mit Pfeilen zwischen den untersuchten Objekten eines Ökosystems dargestellt. Idealerweise möchte man auch einen Fluss von Energien zwischen verschiedenen Teilnehmern darstellen.

Ökologie | X

Ein Problem dieser Bilanzen besteht darin, dass die Systeme räumlich nicht abgegrenzt sind. Wir haben eigentlich immer offene Systeme: Selbst wenn wir uns auf eine Substanz konzentrieren (beispielsweise: CO_2) und dies auf größere Ökosysteme (Flüsse, Wälder, Wiesen) begrenzen, ist das Ergebnis immer fraglich, da diese Systeme offen sind und miteinander in Beziehung stehen. Kurz: Wir erhalten mehr oder weniger gute Annäherungen an die realen Prozesse, wir können aber auch schwer danebenliegen. Dies gilt umso mehr, wenn wir sogar versuchen, die gesamte Biosphäre, die Welt, zu bilanzieren.

3. Es ist bekannt, dass Lebensgemeinschaften auf ihre Umwelt wirken und diese verändern. Zerstörte Areale – nach einem Flächenbrand, einer Waldrodung oder Vergiftung eines Gewässers – werden durch Pioniergesellschaften neu besiedelt. Mit der Zeit finden anspruchsvollere Arten vorbereitete Lebensmöglichkeiten und fassen Fuß. Sie verdrängen die Pioniere und werden selbst verdrängt, wenn sie Platz für Neuansiedler machen. Den Wandel von Lebensgemeinschaften bezeichnet der Ökologe als **Sukzession**. Ein flacher See verlandet zu einem moorigen Feuchtgebiet, welches sich in einen Bruchwald verändert, der schließlich zu einem beständigen Laubwald wird. Der offensichtliche Endzustand wird als **Klimaxstadium** bezeichnet.

Die Ökologen interessiert derzeit auch die andere Änderungsrichtung: Wie viel negative Belastung erträgt ein Ökosystem? Wann „kippt" ein strukturiertes Ökosystem See durch stetes Eutrophieren (Eintragen von Nährstoffen) um zu einer stinkenden Kloake? Wie viel Treibhausgase sind nötig, um das Klima (schlagartig?) zu ändern? Um wie viel darf ein Tropenwald-Schutzgebiet noch einmal verkleinert werden, bis es für sein kostbares Arteninventar zu klein geworden ist?

X | Ich, wir, alle

Demgegenüber ist der Wandel natürlich, den wir in den Naturbildern wahrnehmen, die sich uns in demselben Biotop als Spaziergänger offenbaren. In einem Wald zeigen sich im März die Frühblüher, dann werden die Büsche grün und im Mai sind schließlich auch alle Bäume „ausgeschlagen". Dieser zyklische Wandel verschiedener Erscheinungsbilder eines Ökosystems über die Jahreszeiten wird als **Aspektfolge** bezeichnet.

Die Vorstellung, dass die Organismen in der Natur in ausgeglichenen Beziehungen stehen, dass Regulationskräfte ansetzen wie in einem Körper, dass austarierte Stoff- und Energieflüsse in einem Ökosystem existieren, ist ein Denkmodell. Auch die Vorstellung von einem ökologischen Gleichgewicht und der Stabilität natürlicher Lebensräume, die gegenüber Störungen – wie auch immer – Stand halten, ist eine Theorie. Sicherlich eine, die sympathisch ist, da sie uns Ordnung und Harmonie vermittelt.

Ökologische Forschung steht auch vor dem Problem, dass sie keine „unberührten" Objekte aufweisen kann. Alle Ökosysteme sind mittlerweile durch den Menschen beeinflusst – unberührte Natur lässt sich kaum noch finden, nicht in der Arktis und auch nicht mehr auf den Gipfeln der Achttausender. Ökologische Beziehungen müssen den Faktor Mensch mit einbeziehen. Entsprechend werden die antrophogenen (durch den Menschen bewirkten) Umweltbelastungen in Wasser, Boden und Luft mittlerweile zum Mittelpunkt vieler Untersuchungen. Aber auch hier sind räumliche Begrenzungen der gewählten Biotope (wie Stadtpark, Acker, Weide oder Siedlung) durch das Untersuchungsprojekt vorgegeben, obwohl hier ebenfalls alle Ökosysteme – egal wie groß oder klein – offen sind und miteinander in Kontakt stehen. Wenn die Ergebnisse solcher Untersuchungen durch diese (und das ist nur eine!) methodische Problematik schon fraglich sind, wie fraglich sind dann erst die Prognosen und Maßnahmen, die als **sustainable development** (nachhaltige Entwicklung) daraus abgeleitet werden sollen? Die Zukunft könnte in der Bioinformatik liegen oder der Systembiologie – wissenschaftliche Ansätze, um riesige Datensätze und Informationen zu wirklichkeitsnahen Modellen und Szenarien für Handlungsperspektiven zu vereinigen.

KAPITEL XI

WER SICH ÄNDERT, BLEIBT

Wer sich ändert, bleibt
Evolutionsbiologie

Die Systematik – das Ordnungssystem der Lebewesen

Biologen haben bisher über 1,7 Millionen Organismenarten gefunden und beschrieben, die derzeit auf unserem Planeten leben. Diese große Fülle an Lebewesen muss sinnvoll eingeteilt sein. Hierfür benötigt man ein Ordnungssystem mit wissenschaftlichen Einteilungskriterien (**Klassifikation**) und eine schlüssige Namensgebung (**Taxonomie**). Die **Systematik** übernimmt als Teildisziplin der Biologie diese Aufgabe des Ordnens und Benennens. Früher wurden Organismen morphologisch in Form und Struktur beschrieben. Heute fließen auch molekulare Analyseergebnisse ein, um das Inventar des Lebens sinnvoll zu gruppieren. Ausgewählte Sequenzen der DNA, die in allen Organismen vorkommen, werden aufgeklärt und verglichen. Durchgesetzt hat sich insbesondere der Vergleich eines Abschnitts der DNA, der ein RNA-Molekül codiert, das in allen Ribosomen vorkommt. Ribosomen haben alle Organismen! Je geringer die Sequenzunterschiede von zwei Organismen im direkten Vergleich sind, umso enger ist ihre Verwandtschaft. Man kann sogar anhand der Sequenzunterschiede berechnen, wann ungefähr in den letzten hundert Millionen von Jahren Formentrennungen erfolgt sein können. Forscher sprechen in diesem Zusammenhang von der **molekularen Uhr**.

Spätestens hier wird deutlich, dass auch biologische Verwandtschaften einen zeitgeschichtlichen Hintergrund besitzen. Das Leben auf diesem Planeten hat eine Vergangenheit, in der die Stammbaumentwicklung (**Phylogenese**) stattgefunden hat. Mitunter wird der Stammbaum durch die Erkenntnisse der molekularen Methode dann auch mal total umgeschrieben.

Der Naturkundler **Carl von Linne** (1707 bis 1778) gilt als Begründer der **binären Nomenklatur** – und die hat bis in die heutige Zeit Gültigkeit. *Homo sapiens* – so lautet unser wissenschaftlicher Name gemäß einer internationalen Codierung. Bei der Namensgebung verwenden Biologen aus dem Lateinischen stammende Begriffe oder Begriffe, die auf latinisierte griechische Ableitungen für eine Eigenschaft zurückzuführen sind, die auf den Organismus zutreffen. Jedes Lebewesen – egal ob Tier, Pflanze oder Mikroorganismus – besitzt eine Doppelbenennung: Das erste Wort kennzeichnet die passende Gattung. Das zweite Wort ist der Beiname für die Spezies (Art). Konventionell beginnt der Gattungsname mit einem Großbuchstaben, der Artname dagegen wird klein geschrieben. Namen von Organismen werden in wissenschaftlichen Texten durch kursive Schreibweise hervorgehoben: *Homo sapiens* (lateinisch für „Mensch weise").

XI | Wer sich ändert, bleibt

Was ist eine **Art**? Ziemlich gleich erscheinende Individuen werden zu einer Art zusammengefasst, wenn sie sich (zumindest hypothetisch) fruchtbar miteinander fortpflanzen können. Esel und Pferd können zwar Nachkommen zeugen, die sind aber nicht fruchtbar! Dobermann und Schäferhund können fruchtbare Mischlinge zeugen, weshalb wir hier keine eigenen Arten (**Spezies**) vorliegen haben, sondern zwei Vertreter von **Subspezies** (frühere Bezeichnung: Rassen). Arten mit gemeinsamen Merkmalen werden zur nächst höheren Ordnungseinheit, der passenden Gattung, zusammengefasst. Verschiedene Gattungen mit ähnlichen Merkmalen werden in der nächst höheren Kategorie, der Familie, gesammelt. Und so geht es weiter in der Lebenspyramide. Effekt: Je höher in dieser Anordnung (Taxonomie) eine Kategorie (Taxon) ist, umso mehr Arten beinhaltet sie.

Einteilungsschema der Lebewesen am Beispiel Mensch	
Domäne	**Eukarya** (Organismen mit echtem Zellkern)
Reich	**Animalia** (Tiere)
Stamm	**Chordata** (Tiere mit einer Chorda = Stützstrang)
Unterstamm	**Vertebrata** (Wirbeltiere)
Klasse	**Mammalia** (Säugetiere)
Ordnung	**Primates** (Primaten)
Familie	**Hominidae** (Familie mit drei Gattungen an Menschenaffen und der Gattung Homo)
Gattung	*Homo* (Mensch, als einziger Vertreter)
Art	*sapiens* (weise)

An der Spitze wird heute das Leben in drei Großgruppen (**Domänen**) unterteilt:
1. die Domäne Archaea mit den einzelligen Archaebakterien,
2. die Domäne Bakteria mit den meist einzelligen Prokaryonten und den meisten bis heute beschriebenen Bakterienformen und
3. die Domäne Eukarya mit den „höheren" Zellen, d.h. mit echtem Zellkern. Zu Letzteren gehören ein- und mehrzellige Pilze und Pflanzen sowie ein- und mehrzellige Tiere – und somit auch wir Menschen.

Die Evolution

Nach dieser kurzen Bestandsaufnahme in Bezug auf das Inventar des Lebens kommen wir zu folgenden Fragen: Wie entstand das Leben, wie entwickelte es sich und was passierte bei dieser Evolution, dem Vorgang des Andersartigwerden? Um Antworten darauf zu finden, gehen wir mal ganz, ganz weit zurück in die Vergangenheit.

Vor ca. 15 Milliarden Jahren
Das Universum entsteht in einem Urknall.

4,6 Mrd. bis 3,9 Mrd. Jahre: das Hadaikum
Der Planet Erde entsteht. Bis 3,9 Mrd. Jahre gibt es keinen Hinweis auf Leben.

3,9 Mrd. bis 542 Mio. Jahre: das Präkambrium (Erdfrühzeit)
Bis vor 3,5 Mrd. Jahren werden die ersten Lebensformen nachweisbar. Für deren Herkunft gibt es zwei Erklärungen:

XI | Wer sich ändert, bleibt

Nach der Panspermie-Hypothese ist die Quelle des Lebens extraterrestrischen Ursprungs.

Gemäß einer anderen Hypothese entsteht das Leben aus organischen Grundstrukturen, die unter den Bedingungen der Uratmosphäre in einer Ursuppe vorliegen. Über Mechanismen der Selbstorganisation werden die ersten Protozellen (**Probionten**) gebildet.

Vor 2,7 Mrd. Jahren entwickeln sich aus den ersten Bakterien photosynthetisch aktive Cyanobakterien. Durch deren Aktivitäten wird Sauerstoff in die Erdatmosphäre freigesetzt.

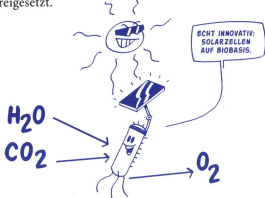

Vor 2,2 Mrd. Jahren zeigt sich: Sauerstoff ist ein aggressives Element, das nun in merklichen Konzentrationen in der Atmosphäre vorhanden ist. Es stellt eine Herausforderung dar, dem sich das Leben stellen muss.

Vor 1,9 Mrd. Jahren entwickeln sich Bakterien und Cyanobakterien weiter. Erste eukaryontische Zellen sind nachweisbar.

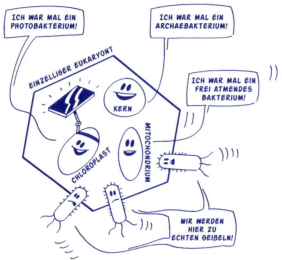

Vor 1,2 Mrd. Jahren treten mehrzellige Tiere und Algen auf.

542 bis 251 Mio. Jahre: das Paläozoikum (Erdaltertum)
In der ersten Epoche des Erdaltertums, dem Kambrium (vor 542 bis 488 Mio. Jahren), treten plötzlich zahlreiche wirbellose Tiere auf („kambrische Explosion"), wie z.B. die zu den Gliederfüßlern gehörenden Trilobiten, Schwämme, Muscheln und Korallen.

Seit dieser Epoche gibt es Funde von **Fossilien** (lat. fossilis = ausgegraben), die pflanzliches und tierisches Leben durch meist versteinerte Reste oder als Abdrücke bezeugen.

Im **Ordovizium** (vor 488 bis 443 Mio. Jahren) erscheinen die ersten Fische und damit die Wirbeltiere. Die Epoche endet mit der ersten von fünf großen katastrophalen Veränderungen, die in der Erdgeschichte jeweils ein Massensterben zur Folge hatten. Der Superkontinent Gondwanaland lag während der ordovizischen Zeit nahe am Südpol (hier hätte die Flagge des heutigen Marokko geweht …) und die Landmasse zeigte gemäß geologischer Funde eine Vergletscherung im großen Ausmaß. Wahrscheinlich sank weltweit auch der Meeresspiegel. Aus dem tropischen Treibhaus wurde ein Kühlhaus. Dabei sind nicht nur Arten, sondern auch ganze Familien untergegangen. Woher weiß man das eigentlich? Die nach Ursprüngen suchenden **Paläontologen** („Wissenschaftliche Fossiliensammler", die sich mit den Lebewesen vergangener Erdperioden – etwa bis vor Beginn der letzten Eiszeit – befassen) haben dies beispielsweise aus Ausgrabungsergebnissen geschlossen: Es wurden keine Fossilien ausgestorbener Spezies oder Organismengruppe mehr in den darüber liegenden (jüngeren) Gesteinsschichten gefunden.

XI | Wer sich ändert, bleibt

Im **Silur** (vor 443 bis 416 Mio. Jahren) – nach der Vereisung schnellten die Temperaturen wieder in die Höhe - erobern Pflanzen das Land. Erste Samenpflanzen tauchen auf, die zur Fortpflanzung kein Wasser beanspruchen.

Im **Devon** (vor 416 bis 359 Mio. Jahren) sind an Land auch die ersten Amphibien und flügellose Insekten anzutreffen.

Im Meer entwickeln sich viele Fischarten, an Land zahlreiche Pflanzenarten. Vor 365 Mio. Jahren sinkt der Meeresspiegel rasch ab und viele Fischarten verschwinden wieder (zweites Massensterben). Einige wenige Organismenformen können andererseits bis heute überleben, z.B. der fischähnliche Quastenflosser. Diese lebendigen Zeugnisse früherer Erdzeiten werden als „**lebende Fossilien**" bezeichnet.

Das **Karbon** (vor 359 bis 299 Mio. Jahren) ist die Epoche der großen Waldgebiete mit riesigen Schachtelhalmen, Bärlappen und Farnen. Erste Reptilien – einige sehr säugetierähnlich – und Knochenfische erscheinen und sind im **Perm** (vor 299 bis 251 Mio. Jahren) weit verbreitet. Das Erdaltertum endet mit einem Absinken des Meeresspiegels und dem dritten großen Massensterben (Vernichtung allein von 96 Prozent der Meeresarten).

251 bis 65 Mio. Jahre: das Mesozoikum (Erdmittelalter)

In der ersten Epoche des Erdmittelalters, dem **Trias** (vor 251 bis 199 Mio. Jahren), treten die Dinosaurier neben den erfolgreich vertretenen Reptilien (z.B. Krokodile, Schildkröten) auf. Es gibt aber auch viele Insekten und Säugetiere. Erneut sinkt der Meeresspiegel und es ereignet sich das vierte Massensterben, bei dem 40 Prozent aller Arten aussterben. Aber was überlebt, kann sich anschließend in einem Entwicklungsschub umso erfolgreicher weiterentwickeln: Im **Jura** (vor 199 bis 145 Mio. Jahren) gilt dies für die Saurier. Daneben tritt die legendäre Urform der Vögel auf – der **Archaeopteryx**.

XI | Wer sich ändert, bleibt

Es gibt Nachweise von Knochenfischen und den ersten Säugetieren, die sich in der **Kreide**zeit (vor 145 bis 65 Mio. Jahren) gut entfalten, bis hin zu den ersten Primaten und Urhuftieren. Vogelarten haben sich ebenso entwickelt wie auch Blütenpflanzen, als vor 65 Mio. Jahren das fünfte und letzte Massensterben eintritt. Nach einem Meteoriteneinschlag verstärkt sich weltweit die Vulkanaktivität und das Klima ändert sich drastisch. 70 Prozent aller Tierarten sterben aus, darunter alle Dinosaurier.

65 Mio. Jahre bis heute: das Känozoikum (Erdneuzeit)
Die Erdneuzeit umfasst zwei Perioden: Das **Tertiär** dauert von 65 bis 1,8 Mio. Jahre und ist in fünf Epochen untergliedert. Von 1,8 bis heute schließt sich die Periode des **Quartärs** an, mit zwei Epochen.

Zuerst zum Tertiär: Ökologische Nischen, die durch das Verschwinden der Dinosaurier vor 65 Mio. Jahren vakant geworden sind, werden nach und nach insbesondere durch nutznießende Säugetier- und Vogelarten besetzt. Diesen Prozess des Hineinentwickelns in zwischenzeitlich unbesetzte Funktionen und Räume nennt der Evolutionsbiologe **adaptive Radiation**.

Evolutionsbiologie | XI

Während des Prozesses des Andersartigwerdens entwickeln sich neue Arten aus einer gemeinsamen Vorgängerform. Dies wirft die Frage auf: Wie entstehen eigentlich neue Arten? Beobachtet hat dies noch kein Forscher, da für die Zeit einer Artbildung viele Tausende von Jahren angenommen werden. Die meisten Biologen erklären die Artbildung über **Allopatrie** (anderer Ort): Eine kleine Population (Fortpflanzungsgemeinschaft) wird räumlich durch irgendwelche geografischen Ereignisse von anderen Artgenossen getrennt.

XI | Wer sich ändert, bleibt

Unterschiedliche auslesende Faktoren führen gewöhnlich über lange Zeiträume dazu, dass sich die beiden Populationen in ihrem Erbgut (Genotyp) und somit äußerlich (Phänotyp) verändern. Eines Tages wird der Unterschied so groß, dass nicht mehr nur zwei Subspezies vorliegen, sondern zwei getrennte Arten. Den Beweis hierfür erhält man dann, wenn die ursprüngliche räumliche Grenze fällt und Individuen beider Fortpflanzungsgemeinschaften aufeinandertreffen: Dann darf ein Biologe keine (fruchtbaren) Nachkommen mehr registrieren!

In der Chronik der Evolution ist die Entwicklung des Menschen natürlich besonders interessant. Skelettfunde deuten darauf hin, dass möglicherweise schon vor etwa 7 Mio. Jahren sich die ersten Frühmenschen, **Hominiden**, von den übrigen menschenähnlichen Affen getrennt haben.

Evolutionsbiologie XI

Sahelanthropus tchadensis (Fundort: Tschad) gilt als ältester bekannter Vertreter der Hominiden. In den folgenden Hominidenlinien treten *Ardipithecus ramidus* (vor 5,5 bis 4,4 Millionen Jahren; Fundort Äthiopien) und verschiedene Vertreter der Australopithecinen auf. Hierzu gehört mit dem ca. 3,7 bis 3,0 Millionen Jahre alten fragmentarischen Skelett der Fund von „Lucy" (*Australopithecus afarensis*; Fundort Äthiopien).

Vor etwa 2,5 Mio. Jahren spaltet sich in der Familie der Hominiden die Gattung *Homo* neben der Gattung *Australopithecus* ab. Am Ende des Quartärs lebt in Ostafrika beispielsweise die Art des *Homo habilis*, eine Art, aus der wir uns vor etwa 1 Mio. Jahren weiterentwickelt haben.

Vor über 1 Mio. Jahren sind alle Australopithecinen ausgestorben. In der Gattung *Homo* ist der *Homo erectus* recht wanderlustig: Fossilien belegen seine Pfade aus Afrika nach Europa und Asien. Dort gilt seit etwa 250.000 Jahren auch *Homo neanderthalensis* als angesiedelt. Mit der Herstellung von Kleidern, Schmuck und vermutlich auch der Benutzung einer Sprache erscheint er uns sehr vertraut. Aber nicht von ihm stammen wir ab: In der Gattung *Homo* entwickelte sich noch in Afrika vor etwa 140.000 Jahre die Art *Homo sapiens*. Nach dem **Out-of-Africa-Modell** wandert *Homo sapiens* zuerst über die Sinai-Halbinsel und dann getrennt weiter nach Europa oder nach Asien, von wo einige weiter nach Australien gelangen. Zu Fuß erreicht *Homo sapiens* über die Bering-Landbrücke auch Amerika. Das lange Laufen ermöglicht ihm sein leichter Körperbau. Über die nackte Haut kann er dabei gut transpirieren.

Sein Kehlkopf ist stärker als beim Neandertaler abgesenkt, was es Mund- und Rachenraum ermöglicht, voll artikuliert zu sprechen.

Seine Fingerfertigkeit lässt *Homo sapiens* Werkzeuge erfinden, zum Jagen, Kochen – und zur Handhabung von Waffen!

XI | Wer sich ändert, bleibt

Vor 100.000 Jahren lebten Neandertaler und moderner Mensch an vielen Orten der Welt nebeneinander. Möglicherweise hat die direkte Konfrontation dazu geführt, dass vor 10.000 bis 30.000 Jahren die letzten Fossilien vom Neandertaler (und möglicherweise auch noch von Vertretern des anderen nächsten Verwandten, dem *Homo erectus*) abgelegt wurden.

Seit dieser Zeit ist *Homo sapiens* die einzige Art der Hominiden – dank seiner schnellen kulturellen und technologischen Entwicklung. Die Dominanz des Menschen durch die vielfältige Nutzung seiner Umwelt mit einer hohen Individuenzahl führt in den letzten 11.500 Jahren, der Epoche des **Holozän** (Jetztzeit), zu starken Änderungen im weltweiten ökologischen Gefüge.

Viele Pflanzen- und Tierarten sind in dieser Zeit unter dem Einfluss des Menschen verschwunden. Areale unberührter Natur sind auf dem Planeten Erde kaum noch zu finden. Biodiversität in Fauna und Flora wird weltweit seit etwa 1980 auf die räumlichen Bereiche zurückgedrängt, die die einzelnen Länder als Schutzgebiete, wie z.B. Naturparks, deklarieren. Selbst die letzten großen Regenwälder im Amazonas, Kongo und Neu-Guinea schwinden täglich unter dem Lärm der Kettensägen. Der Rückgang der Artenvielfalt nimmt exponentielle Züge an. Naturschützer befürchten das sechste erdgeschichtliche Massensterben. Es sei denn, die jetzige Degradierung der natürlichen Umwelt kann in Quantität und Qualität zurückgeschraubt werden.

Literaturhinweise

Der Autor orientierte sich für die Stoffauswahl an folgenden Abitrainern (und zwar in der aufgeführten Reihenfolge):

[1]   Walter Kleesattel: **Biologie Pocket Teacher Abi**, Cornelson Verlag, Berlin 2007, ISBN: 978-3-589-22492-0

[2]   Mathias Brüggemeier: **Top im Abi Biologie**, Bildungshaus Schulbuchverlage, Braunschweig 2007, ISBN: 978-3-507-23003-3

[3]   Reiner Kleinert, Wolfgang Ruppert, Franz X. Stratil: **mentor Abiturhilfe Biologie Oberstufe**, mentor Verlag, München 2007, (Band Evolution): ISBN 973-3-580-65695-9 und weitere Bände in dieser Reihe

[4]   Brigitte Meinhard, Franz Moisl: **Abitur-Training Biologie** (2 Bände), Stark Verlagsgesellschaft, Freising 2005, ISBN (Band 2): 978-3-89449-202-1

Für vertiefende Angaben muss ab und zu ein Vier-Kilo-Lehrbuch gestemmt werden:

[5]   Neil A. Campbell, Jane B. Reece [Hrsg. dt. Übers. Jürgen Markl]: **Biologie**, Pearson Education Deutschland, München 2006, ISBN: 3-8273-7180-5

Wer mehr erfahren möchte, mit welchen raffinierten Ansätzen sich biologisches Wissen nutzen lässt, findet hier eine reichhaltig illustrierte Einführung mit vielen Internetverweisen:

[6]   William J. Thieman, Michael A. Palladino: **Biotechnologie**, Pearson Education Deutschland, München 2007, ISBN: 978-3-8273-7236-9

Wer noch tiefer in die Geheimnisse des zellulären Lebens eindringen möchte, und das auf kurzweilige Art, dem empfiehlt der Autor:

[7]   Stephan Berry: **Was treibt das Leben an?** Rowohlt Taschenbuch Verlag, Reinbek 2007, ISBN: 978-3-499-62257-1

Hier gibt es Tipps, wie man die Biologie zum Beruf machen kann:

[8]   VBIO e.V. [Hrsg.]: **Perspektiven, Berufsbilder von und für Biologen** [Veröffentlichung des Verbandes Biologie, Biowissenschaften & Biomedizin in Deutschland], München 2008, ISBN: 3-9806803-0-4

Stichwortverzeichnis

A

Abschaltphase	138ff
Absterbephase	183
adaptive Radiation	202
Adrenalin	96
Affenkälte	171
Aktionspotential	150
Aktivierungskaskade	103
Allensche Regel	173
Allopatrie	203
Amphibien	200
Anabolismus	76
Anaphase	52
Angriff	127ff
Antibiotikaresistenz	69
Antigen	131
Appetenzverhalten	163
Archaebakterium	198
Archäopteryx	201
Aspektfolge	188
Assimilation	76
Astronaut	72
Atmungskettenphosphorylierung	82
Attrappe	161
Autökologie	168
Autotrophie	77

B

Baustoffwechsel	75
Befruchtung	116

Bewegung	15
Bio macchiato	7
Biokatalysator	84
Blubb	157
Botenstoff	
sekundär	102
Botolinumtoxin	153

C

Chaperon	91
Chargaff-Regel	85
Chemolithotrophe Organismen	77
Chloroplast	30
Cholesterin	99
Chromosom	47
Citronensäuecyklus	80
Cochlea	146
Cocktail	66
Cortisol	96
Crossing-Over	55
Curare	152
Cyanobakterien	197

D

Darwin	179
Degradierung	207
Demökologie	169
dickes Fell	171
Differenzierungsphase	133ff
Diffusion	25
Dinosaurier	202

Anhang

Diploide 118
Dissimilation 78
DNA
  Aufbau 86
  Verdopplung 86
DNA-Strang 87f
DNS-Schrott 62
Doppelhelix-Formation 86
Doppel-X 61

E

Elektronenmikroskop 21
Embryoblast 120
Embryonalentwicklung 119
Endoplasmatische Retikulum (ER) 31
Endosymbiose 197
Energiestoffwechsel 81
Enhancer 110
Entwicklungsbiologie 111
Enzym 100
Enzymrepression 107
Erbe 39ff
Erkennungsphase 132f
Erregungsleitung
  saltatorische 151
Ethologe 159
euryök 177
Evolution
  I 18
  II 191ff
Exon 89
Explosion
  kambrische 198

F

Feierabend 207
Feldbeobachtung 159
Fette 83
Flip-Flop 180
Flug 19
Fluss 73ff
Forscherkarriere 47
Fortpflanzung
  ungeschlechtliche 112ff
  geschlechtliche 115ff
Fragmentierung 114
Fruchtfliege 125
frühreif 163
Funktion 13
Furchung 119

G

Gärung 78
Gastrula 121
Gen-Aktivierungs-Mechanismus 104
Genetik 39 ff
  Mensch 59
Genotyp 41
Geschlechtsbestimmung 117
Gleichgewicht
  ökologisches 189
Glykogenphosphorylase 102
Glykolyse 78

H

Heterotrophie 76
heterozygot 42
Hominiden 204
Homo sapiens 206

210

Stichwortverzeichnis

homozygot	42
Hormon-Rezeptor-Komplex	103
Hybride	43

I

IgM-Klasse	139
Immunglobulin IgG	138
Immunabwehr	130
Immunantwort	
humorale	134
Immunbiologie	128ff
Immunisierung	
passiv	139f
aktiv	140f
Induktionskette	124
Innerartische Konkurrenz	178
Instinkt	161
Insulin	97
Intron	89
Isogameten	117

K

Kaspar-Hauser-Experiment	159
Klon	115
Knospung	113
Kommunikation	16
Kompartimentierung	14
Konditionierung	165
Konjugation	68ff
Kontrolle	93ff
Krankheitserreger	128
Kreide	202
Kreislauf	186
K-Strategen	184

L

Lac-Operon	109
Lac-Repressor	109
LAN-Party	70
Leben	11
Prinzipien	12
Grundmoleküle	82ff
Lichtmikroskop	20
Lipiddoppelschicht	24
Lysosom	33f
Lysozym	130

M

Mami	62
Marmelade	175
Massensterben	199
MäuseExperiment	65ff
Meiose	53ff
Mendel	41ff
messenger-RNA	89
Metaphase	52
Mikrobiologe	67f
Mimise	180
Mitochondrien	29f
Mitose	50ff
Modell	190
Monohybrid	44
Morgan	56
Mosaik	25

N

Nervensache	143ff
Nervensystem	154
Nervenzelle	147
Neurobiologie	144ff

211

Anhang

Nichtleben	11	Regulation	
Nukleosom	49	Genaktivität	104ff
Nukleotid	87	Reifeteilung	57
		Reiz	
O		weiterleiten	147ff
Ökologie	167ff	Rekombination	
ökologische Nische	178f	interchromosomale	58
ökologische Potenz	175	intrachromosomale	58
Ökosystem	186ff	Rekombination	116
Oma	63	Rezeptor	101
Osmose	26	RNA	196
		r-Strategen	184
P		Rückkreuzungstest	46
Panspermie-Hypothese	196		
Parasympathikus	155	**S**	
Parthenogenese	115	Saprophyt	181
Paukenhöhle	145	Schattengewächs	173
Penizillin	64	Schläfer	71
Peroxisom	34	Schnecke	146
Pessimum	176	Schwesterchromatiden	51
Phagozytose	33	Sekundärantwort	136
Phänotyp	41	semikonservative Replikation	87
Phylogenese	193	Silencer	110
pingpongartig	28	Sinneseindruck	144
Pinocytose	33	Sonnenpflanze	173
Population	182ff	Soziobiologie	160
Probiont	196	Spaltungsregel	45
Prophase	51f	Special Task Force	137
Protein	83	Spezies	194
Proteinbiosynthese	88ff, 91	Spindel(faser)apparat	52
Punnett-Quadrat	60	Sporenbildung	114
		Steckbrief	133
R		stenök	177
Räuber-Beute-Beziehung	179	Stoffumwandlung	15
Regulation	17	Stoffwechsel	74ff

212

Stichwortverzeichnis

Kategorien	75ff
Struktur	36
Sympathikus	155
Systematik	193ff

T

Teilung	113
Telefon	95
Telophase	52
Temperatur	170
Tetradenstruktur	57
T-Killerzelle	135
Tochtergeneration	44
Tod	16
Transduktion	70ff
Transformation	65
Translation	90
Transport	27ff
Triplett	88
Trommelfell	145
TRP-Repressor	107
Tryptophan-Straße	105
T-Suppressorzelle	138

U

Übersprunghandlung	164
Umweltfaktor	168
Umweltfaktor	170ff
Unabhängigkeitsregel	54
Urknall	195
Urmund	123
UV-Strahlen	72

V

Verhalten	158ff

Vermehrungsphase	183
Verteidigung	127
Verwandtschaft	17
Vesikel	32
Vogelgesänge	98

W

Wachstumsverlauf	183
Wanderschaft	39ff
Wasser	174
Wasserkraftwerke	23
Watson-Crick-Modell	86
Wechselbeziehung	169
Winter	171
Wirkungsphase	136f

X

X-Chromosom	60

Y

Y-Chromosom	60

Z

Zelldifferenzierung	37
Zelle	13ff
Inhaltsstoffe	13
Bau	13
Differenzierung	36ff
Organisationsform	36ff
Zellorganellen	29ff
Zellskelett	35
Zellstrukturen	20
Zellwand	22
Zucker	83
Zwittrigkeit	118

informit.de, Partner von
Pearson Studium, bietet aktuelles
Fachwissen rund um die Uhr.

www.informit.de

In Zusammenarbeit mit den Top-Autoren von
Pearson Studium, absoluten Spezialisten ihres
Fachgebiets, bieten wir Ihnen ständig
hochinteressante, brandaktuelle deutsch- und
englischsprachige Bücher, Softwareprodukte,
Video-Trainings sowie eBooks.

wenn Sie mehr wissen wollen ...

www.informit.de